Edition KWV

Die „Edition KWV" beinhaltet hochwertige Werke aus dem Bereich der Wirtschaftswissenschaften. Alle Werke in der Reihe erschienen ursprünglich im Kölner Wissenschaftsverlag, dessen Programm Springer Gabler 2018 übernommen hat.

Weitere Bände in der Reihe http://www.springer.com/series/16033

Daniel Stoltenberg

Oberflächenmodifikation von porösen Gläsern zur Trennung von Gemischen ähnlicher Gase durch Membranverfahren und Adsorption

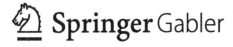

Daniel Stoltenberg
Wiesbaden, Deutschland

Bis 2018 erschien der Titel im Kölner Wissenschaftsverlag, Köln
Dissertation Otto-von-Guericke-Universität Magdeburg, 2013

Edition KWV
ISBN 978-3-658-24662-4   ISBN 978-3-658-24663-1   (eBook)
https://doi.org/10.1007/978-3-658-24663-1

Die Deutsche Nationalbibliothek verzeichnet diese Publikation in der Deutschen Nationalbibliografie; detaillierte bibliografische Daten sind im Internet über http://dnb.d-nb.de abrufbar.

Springer Gabler
© Springer Fachmedien Wiesbaden GmbH, ein Teil von Springer Nature 2013, Nachdruck 2019
Ursprünglich erschienen bei Kölner Wissenschaftsverlag, Köln, 2013

Springer Gabler ist ein Imprint der eingetragenen Gesellschaft Springer Fachmedien Wiesbaden GmbH und ist ein Teil von Springer Nature
Die Anschrift der Gesellschaft ist: Abraham-Lincoln-Str. 46, 65189 Wiesbaden, Germany

Vorwort

Die vorliegende Arbeit entstand während meiner Tätigkeit als wissenschaftlicher Mitarbeiter am Max-Planck-Institut für Dynamik komplexer technischer Systeme von Juni 2008 bis August 2012 in Magdeburg.

Mein besonderer Dank gilt Herrn Prof. Dr.-Ing. Andreas Seidel-Morgenstern für die Möglichkeit der Promotion am Max-Planck-Institut und die ausgezeichnete Betreuung und Unterstützung während der Promotionszeit. Seine Kreativität und Engagement waren Voraussetzungen für das Gelingen dieser Arbeit.

Prof. Dr.-Ing. Irina Smirnova und Prof. Dr. Dirk Enke danke ich für ihre Bereitschaft sich als Gutachter für diese Arbeit zur Verfügung zu stellen.

Den Mitarbeitern der Arbeitsgruppe Chemische Reaktionstechnik der Universität Leipzig und des Instituts für Technische Chemie der Martin-Luther-Universität Halle-Wittenberg möchte ich für die Synthese der porösen Gläser und die wertvollen Diskussionen und Anregungen während der gegenseitigen Besuche und Konferenzen danken.

Dr.-Ing. Christof Hamel gebührt großer Dank für seine ständige Diskussionsbereitschaft in theoretischen wie experimentellen Fragen und das kritische Korrigieren dieser Arbeit.

Für die Unterstützung bei den verschiedenen Material-Charakterisierungen danke ich Dr. Tanya Wolff, Jacqueline Kaufmann, Dr. Sabine Busse, Prof. Dr. Helmut Weiß, Stefan Becker und Martin Uxa.

Bei den Mitarbeitern der Arbeitsgruppe Physikalisch-Chemische Grundlagen der Prozesstechnik des Max-Planck-Institutes und des Lehrstuhls für Chemische Verfahrenstechnik der Otto-von-Guericke-Universität, vor allem aber bei Henning Haida, Leo Alvarado Perea, Hector Octavio Rubiera Landa, Venkata Subbarayudu Sistla und Thomas Munkelt möchte ich mich für die angenehme Arbeitsatmosphäre, die vielfältige Unterstützung und die schöne gemeinsame Zeit bedanken.

Abschließend möchte ich mich bei meinen Eltern und besonders bei Julia für den großen Rückhalt und die Unterstützung bedanken, ohne die diese Arbeit nicht zustande gekommen wäre.

Pulheim, August 2012   Daniel Stoltenberg

Kurzreferat

Das Thema dieser Arbeit ist die chemische Oberflächenmodifikation von mesoporösen Gläsern. Diese wurde genutzt um Gemische ähnlicher Gase zu trennen, die aufgrund der wirkenden Stofftransport- und Adsorptionsmechanismen in der mesoporösen Struktur nur durch spezifische Wechselwirkungen mit der Oberfläche des Materials trennbar sind. Als Modellsysteme wurden die Trennung von Kohlenstoffdioxid und Propan als Gase mit gleichem Molekulargewicht sowie eine Trennung der Enantiomeren des anästhetischen Gases Desfluran gewählt.

Im Hinblick auf die Trennung des ersten Modellsystems wurden mesoporöse Glasmembranen mit zwei verschiedenen Amino-Trialkoxysilanen modifiziert, um die Adsorptionskapazitäten der Membranen für Kohlenstoffdioxid zu erhöhen und somit den Oberflächentransport dieser Spezies zu beeinflussen. Neben der Verengung der Porenstruktur der Glasmembranen durch die Immobilisierung der Silane wurde eine wesentlich verstärkte Adsorption von Kohlenstoffdioxid auf den Membranen festgestellt. Weiterhin stieg die Adsorptionsselektivität der Membranen für Kohlenstoffdioxid durch die Bindung als Carbamat mit steigender Temperatur deutlich an. Diese Selektivität konnte jedoch nicht auf den Stofftransport übertragen werden. Das Stofftransportverhalten der Glasmembranen wurde mit Hilfe einer modifizierten Wicke-Kallenbach-Zelle für die Einzelgase und für binäre Gasmischungen bestimmt. Die Permeabilität der Membranen wurde in Abhängigkeit von der Kettenlänge des eingebrachten Silans zum Teil stark reduziert. Der Stofftransport konnte mit Hilfe einer Kombination aus viskosem Fluss, Knudsen-Diffusion und Oberflächendiffusion beschrieben werden. Die Carbamat-Bildung auf der Oberfläche der Membranen beschleunigte den Stofftransport für das gebundene Kohlenstoffdioxid in Abhängigkeit vom Amin-Gehalt des immobilisierten Silans nicht, oder erst bei erhöhten Temperaturen. Diese inverse Temperaturabhängigkeit der Oberflächendiffusion des Kohlenstoffdioxids wird auf die stark erhöhte Aktivierungsenergie für einen Oberflächentransport zurückgeführt. Weiterhin konnte gezeigt werden, dass die Selektivität bezüglich Kohlenstoffdioxid aufgrund der begrenzten Anzahl von Aminen auf der Oberfläche der Membranen mit steigendem CO_2-Partialdruck abnimmt.

Für das zweite, chirale Modellsystem wurde ein Cyclodextrin-Derivat mit Hilfe einer Harnstoff-Bindung auf der Oberfläche modifizierter Glaspartikel immobilisiert. Diese wurden als stationäre Phase für eine gaschromatographische Trennung genutzt. Trotz starker unselektiver Wechselwirkungen des

Anästhetikums mit den Glaspartikeln war es möglich, eine Antrennung des Racemates und damit eine Enantioselektivität der Oberflächenmodifikation zu zeigen.

Insgesamt konnte mit der Arbeit gezeigt werden, dass es möglich ist, mit einer Modifizierung der Oberfläche spezifische Wechselwirkungen mit einer Zielkomponente zu erzeugen, jedoch war es nicht möglich, die Selektivitäten der Gesamtprozesse entscheidend zu steigern.

Abstract

The topic of this work is the chemical surface modification of mesoporous glasses. It was used for the separation of similar gases, which are otherwise inseparable in mesoporous structures due to the reigning mass transport and adsorption mechanisms. The separation of carbon dioxide and propane, which possess a similar molecular weight and an enantioseparation of the anesthetic gas desflurane were chosen as model systems for the applicability of surface modifications.

Regarding the first model system, mesoporous glass membranes were modified with two amino-trialkoxysilanes to enhance the adsorption capacities for carbon dioxide and therefore influence the surface transport of that species. Besides narrowing the pore structure of the membranes, the immobilizations led to a stronger adsorption of carbon dioxide. Due to the formation of carbamates the adsorption selectivity was enhanced mainly at elevated temperatures. However, it was not possible to exploit this behaviour for the mass transport separation. Mass transport measurements were performed using a modified Wicke-Kallenbach-cell for single gases and binary mixtures. Depending on the chain lengths of the grafted silanes, the permeabilities of the membranes were strongly reduced. However, the mass transport could be described by a combination of viscous flux, Knudsen-diffusion and surface diffusion. The carbamate formation on the surface of the membranes did not accelerate the carbon dioxide transport at lower temperatures. Depending on the amine content of the grafted silanes it was possible to identify an activation temperature, which enabled the enhanced transport of carbon dioxide. The inverse temperature dependence of the surface flux was traced back to the enlarged activation energy necessary to loosen the carbamate bonding. It was furthermore shown that the separation factor for carbon dioxide in a gas mixture decreases with increasing CO_2 partial pressure due to the limited quantity of amines present on the surface of the membranes.

The approach to the second model system was to immobilize a cyclodextrin derivative onto modified porous glass particles by a urea bonding. The glass particles were used as a stationary phase for a gas chromatographic separation. Despite strong non-specific interactions between the anesthetic and the glass support it was possible to obtain a partial separation of the racemic mixture and to prove therefore the enantioselectivity of the surface modification.

With this study, it was possible to prove the possibility to generate specific interactions with a target compound by modifying the surface chemistry of a support. However, it was not possible to strongly enhance the selectivities of the processes.

Inhaltsverzeichnis

Formelzeichen

A	Oberfläche der Membran, m^2
b	Langmuir-Parameter, Pa^{-1}
B_0	Permeabilitätskonstante des viskosen Flusses, m^2
c	molare Konzentration, $mol\ m^{-3}$
c_t	molare Konzentration der Mischung, $mol\ m^{-3}$
d_M	Moleküldurchmesser, m
d_P	Porendurchmesser, m
D	Diffusionskoeffizient, $m^2\ s^{-1}$
D_{ij}	binärer Diffusionskoeffizient, $m^2\ s^{-1}$
D_{ij}^{M-S}	Maxwell-Stefan-Diffusionskoeffizient, $m^2\ s^{-1}$
ΔE_g	Aktivierungsenergie für Gasphasentransport, $J\ mol^{-1}$
F	Flussrate aus der Permeatseite der Wicke-Kallenbach-Zelle, $m^3\ s^{-1}$
ΔH	Enthalpie, $J\ mol^{-1}$
J	Teilchenstromdichte, $mol\ m^{-2}\ s^{-1}$
J_i	Fluss der Komponente i, $mol\ m^{-2}\ s^{-1}$
k_B	Boltzmann-Konstante, $J\ K^{-1}$
m_{Mem}	Masse der Membran, g
m_N	Masse an Stickstoff, g
M	molekulare Masse, $g\ mol^{-1}$
n_N	Anzahl Stickstoffatome pro Silan-Molekül
N_{OH}	Hydroxylgruppen-Dichte, nm^{-2}
O_S	spezifische Oberfläche, $m^2\ g^{-1}$
p	Druck, Pa
p_0	Ausgangsdruck in Adsorptionszelle 2, Pa
p_{atm}	Atmosphärendruck, Pa
p_{eq}	Druck in beiden Adsorptionszellen nach Erreichen des Gleichgewichtes, Pa
P_{ges}	Gesamtpermeabilität, $mol\ m^{-1}\ s^{-1}\ Pa^{-1}$
q	Beladung der Membranen, $mol\ m^{-3}$
Q	Adsorptionswärme, $J\ mol^{-1}$
R	universelle Gaskonstante, $J\ mol^{-1}\ K^{-1}$
S	Selektivität
t	Zeit, s
T	Temperatur, K
V_P	Porenvolumen, $m^3\ g^{-1}$

V_1, V_2	Volumina der Halbzellen der modifizierten Wicke-Kallenbach-Zelle, m^3
V_{a1}, V_{a2}	Volumina der Adsorptionszellen, m^3
W_M	Gewichtsverlust zwischen 180 und 800 °C, Ma.-%
x	axiale Koordinate, m
y	Stoffmengenanteil der Komponente
z	Stoffmengenanteil der Komponente im Permeat

Griechische Symbole

α	scheinbarer Trennfaktor
γ_i	Aktivitätskoeffizient der Komponente i
Γ_{ij}	thermodynamischer Korrekturfaktor,
δ	Dicke der Membran, m
δ_{ij}	Kronecker-Deltafunktion, 1 falls i = j, 0 falls i ≠ j
ε	Porosität
η	Viskosität, Pa s
λ	mittlere freie Weglänge, m
μ	chemisches Potential, $J\ mol^{-1}$
$\bar{v}$	mittlere Molekülgeschwindigkeit, $m\ s^{-1}$
θ	Beladung
ρ_{Mem}	Gerüstdichte der Membran, $g\ cm^{-3}$
σ_{ij}	Stoßquerschnitt, Å
τ	Tortuosität
Ω_D	Kollisionsintegral

Tiefgestellte Indizes

d	diffusiv
g	gesamt
gas	Gasphase
i, j	Spezies der Mischung
k	Adsorptionszentrum
iso	isosterisch
K	Knudsen

R	Retention
M	Mikroporen
Mo	mobile Phase
N	Stickstoff
P	Pore
S	Oberfläche
sat	Sättigung
v	viskos

Hochgestellte Indizes

ads	adsorbierte Phase
$chrom$	Chromatographie
id	ideal
K	Knudsen
mix	Gemisch
$M\text{-}S$	Maxwell-Stefan
$transp$	Transport

Abkürzungen

BET	Brunauer-Emmett-Teller
BFM	Binary Friction Model
BJH	Barrett-Joyner-Halenda
DGM	Dusty Gas Model
DSC	Differential-Scanning-Calorimetry
HPLC	High performance liquid chromatography
IR	Infrarot
IUPAC	International Union of Pure and Applied Chemistry
MCM	Mobil composition of matter
MOF	Metal-organic framework
NLDFT	Non-local Density Functional Theory
PFG-NMR	Pulsed field gradient nuclear magnetic resonance
TGA	Thermogravimetrische Analyse

Abbildungsverzeichnis

Tabellenverzeichnis

1 Einleitung und Problemstellung

Die große Bedeutung poröser Materialien in Forschung, Entwicklung und Anwendung zeigen zum einen die zahlreichen verschiedenen Gebiete, in denen poröse Materialien Verwendung finden und zum anderen die Vielzahl an wissenschaftlichen Journalen, die sich ausschließlich mit Themen der Synthese, Charakterisierung und Anwendung dieser Stoffe befassen.[1,2,3] Durch die intensive Erforschung dieser Materialien ist es heute möglich, einen porösen Stoff gezielt im Hinblick auf eine spezifische Anwendung zu optimieren. Das Ziel dieser Arbeit ist es, das Verständnis für die Funktionalisierung der Oberflächen poröser Stoffe als einen Weg der gezielten Optimierung am Beispiel der selektiven Gastrennung zu erweitern.

Dieses Kapitel soll Hintergrundinformationen geben, die zum Verständnis der Arbeit sowie der Beweggründe für die eingeschlagenen Lösungswege beitragen. Nachdem ein kurzer Abriss über den gegenwärtigen Stand der Forschung auf den für diese Arbeit ausschlaggebenden Gebieten der Oberflächenmodifikation poröser Materialien und der enantioselektiven Oberflächen gegeben wurde, wird die Problemstellung dieser Studie definiert und ein Überblick über den Aufbau der Arbeit präsentiert.

1.1 Stand der Wissenschaft

Diese Arbeit zielt auf die Untersuchung der chemischen Funktionalisierung der Oberflächen poröser Festkörper zur Generierung spezifischer Adsorptionsstellen.

Die Herstellung oberflächenmodifizierter poröser Festkörper ist sowohl mit Hilfe einer Co-Kondensation (Hybrid-Ansatz),[4] als auch durch eine nachträgliche Modifikation eines bestehenden Materials möglich[5]. Über diese Wege können verschiedene kleine funktionelle Gruppen wie Amine[6], Thiole[7], Azide[8], Halogene[9], Epoxide[10] oder verschiedene organische Gruppen[11,12] auf einer Oberfläche gebunden werden. Diese können weiterhin als Ausgangspunkt für die Immobilisierung komplexerer Funktionen genutzt werden[13,14]. So sind in der Literatur unter anderem die Immobilisierung von homogenen Katalysatoren[15], ionischen Flüssigkeiten[16], Farbstoffen[14] und Enzymen[17] beschrieben.

Beide Herstellungsprozesse, die Co-Kondensation und die post-synthetische Modifikation, können Auswirkungen auf die Porenstruktur des Materials haben. Der Ansatz der direkten Modifikation führt oft zu Defekten und einer breiten

© Springer Fachmedien Wiesbaden GmbH, ein Teil von Springer Nature 2013
D. Stoltenberg, *Oberflächenmodifikation von porösen Gläsern zur Trennung von Gemischen ähnlicher Gase durch Membranverfahren und Adsorption*, Edition KWV,
https://doi.org/10.1007/978-3-658-24663-1_1

Porengrößenverteilung durch den partiellen Einbau der funktionellen Gruppen in die Porenwände und die Reaktivität der funktionellen Gruppen während der Materialsynthese[18]. Weiterhin setzt dieser Weg eine schonendere Aufarbeitung und gegebenenfalls eine Templatentfernung voraus[18]. Eine post-synthetische Modifikation kann hingegen auf einem bestehenden und daher gut charakterisierten Material ausgeführt werden.[19] Abhängig von der Porenstruktur des Materials kann das nachträgliche Einbringen einer funktionellen Gruppe in das Porensystem die Poren verengen oder gar vollständig blockieren[20]. Zudem kann hierdurch eine ungleichmäßige Verteilung der funktionellen Gruppen über das Porensystem entstehen[21,22].

Der Transport einer Komponente durch eine poröse Struktur kann durch eine Funktionalisierung der Oberfläche demnach auf verschiedene Weisen beeinflusst werden. Im Folgenden wird ein Überblick über die vorausgegangenen Arbeiten hinsichtlich der Auswirkungen einer Veränderung der Oberflächenchemie auf den Stofftransport gegeben.

1.1.1 Transport durch oberflächenmodifizierte Materialien

Die Beeinflussung des Stofftransportes durch die Porendiffusion ist neben dem Einbringen spezifischer Adsorptionsstellen die in der Literatur am häufigsten diskutierte Anwendung einer Oberflächenmodifikation. Die gezielte Verengung der Porenstruktur ist dabei in vielen Studien das vorrangige Ziel der Modifikation. So kann der mittlere Porendurchmesser einer porösen Struktur durch das Einbringen von Immobilisaten unterschiedlicher Größe gezielt variiert werden. Fernandes und Gavalas[23] erreichen dies durch die zyklische Anbindung und Hydrolisierung von Tetrachlorsilan. Es konnte dabei eine Abhängigkeit des Porendurchmessers und damit der Permeabilität für verschiedene Testgase von der Anzahl der Immobilisierungs-Zyklen festgestellt werden. Eine theoretische Beschreibung scheiterte jedoch aufgrund der Abweichungen der Porengeometrie von dem vorgeschlagenen zylindrischen Porenmodell. Higgins et al.[24,25] verringerten den Porendurchmesser von Silica-Membranen durch die kovalente Anbindung von Octadecyldimethylchlorsilan in überkritischem CO_2. Dadurch wurde vor allem der Anteil des unselektiven viskosen Flusses am Gesamttransport vermindert. Da die eingeführten Octadecyl-Ketten keine erkennbaren Wechselwirkungen zu den Testgasen aufwiesen, wurde der Stofftransport durch die modifizierten Membranen ausschließlich von der Knudsen-Diffusion bestimmt. Die gemessenen Permeabilitäten der Membranen wurden durch die Modifikation um 80 – 90 %

reduziert. Noak et al.[26] nutzen verschiedenen Kettenlängen von Methyl- bis Octadecyl-Ketten, um die Porengröße und damit die Flussraten durch diese Membranen zu reduzieren. Zusätzlich stellen sie nach der Behandlung einen erhöhten Anteil der Oberflächendiffusion fest. Ähnliche Ergebnisse werden durch eine Phosphonylierung der Oberflächen erreicht.[27]

Die Auswirkungen einer solchen Hydrophobisierung der Oberfläche auf den Transport unpolarer Alkane wurden von Kuraoka et al.[28] untersucht. Hierbei konnte für die mit einer Octadecyl-Kette modifizierte Membran ein Wechsel im Transportmechanismus von der Knudsen-Diffusion zu einer aktivierten Diffusion nachgewiesen werden. Weiterhin nahm die Selektivität der Membranen für die unpolaren Alkane mit wachsender Kettenlänge der immobilisierten Organosilane zu. Eine detailliertere Analyse der Auswirkungen einer solchen Modifikation auf die Adsorption und Eigendiffusion von Cyclohexan wurde von Dvoyashkin et al.[29] mittels PFG-NMR-Untersuchungen durchgeführt. Durch die Heterogenität der modifizierten Oberfläche wurde hier eine starke Abhängigkeit der Diffusion von der Beladung der Oberfläche festgestellt. Weitere Stofftransportuntersuchungen durch mit Octadecyl-Ketten modifizierte Membranen wurden unter anderem von Leger[30] und Singh[31,32,33] beschrieben.

Lindbrathen et al.[34,35] nutzen die Oberflächenmodifizierung poröser Gläser zur Abtrennung von Chlor und Chlorwasserstoff aus einem Gasgemisch. Neben der Verengung der Mikrostruktur werden deutlich erhöhte Adsorptionskapazitäten gemessen, welche zu einer hohen Oberflächendiffusion für diese Gase auf den chlorierten bzw. perfluoroalkylierten Oberflächen führen.

Eine weitere Möglichkeit der Porenverengung bietet eine Behandlung mit Tetraethylorthosilikat.[36] Neben der Reduktion des Porendurchmessers durch die Polymerisation dieses Silikates werden zusätzliche Oberflächenhydroxylgruppen eingeführt. Die Oberfläche ist dadurch stark hydrophil, was zu Selektivitäten zwischen Wasser und Wasserstoff von bis zu 450 führte.[36] Diese wurden auf eine Kapillarkondensation des Wassers zurückgeführt.

Neben der Einführung unspezifischer Adsorptionsstellen durch Hydrophobierung oder Hydrophilierung wurden mehrere Studien zur selektiven Trennung einer Gasmischung mit Kohlenstoffdioxid veröffentlicht. Dazu wurden unter Ausnutzung der Chemisorption von CO_2 durch Carbamat-Bildung, Amine immobilisiert. Kumar et al.[37] führten Polyethylenimin in das Porensystem einer MCM-48-Membran ein, was zu einer starken Selektivität für Stickstoff bei einem befeuchteten Gasgemisch und niedrigen Temperaturen führte. Dies wurde durch die unter diesen Bedingungen starke Adsorption von Kohlenstoffdioxid an den Amingruppen erklärt. Andere Studien zeigen für amino-modifizierte Membranen eine Selektivität für CO_2. So synthetisierten Ostwal et al.[38] eine mit Aminopropyl-Ketten modifizierte Glasmembran zur Trennung eines Kohlenstoffdioxid-Stickstoff-Gemisches. Die gefundene CO_2-Selektivität von bis zu 10 bei Temperaturen über 80 °C wurde auf die einsetzende Mobilität der gebildeten Carbamate auf der Oberfläche zurückgeführt. Sakamoto et al.[39] modifizierten eine Silica-Membran mit demselben Silan, erreichen jedoch aufgrund einer starken Porenverengung in einem Temperaturintervall von 80 bis 100 °C CO_2/N_2-Selektivitäten bis zu 900 bei einer gleichzeitigen starken Verringerung der Permeabilität. Als Erklärungen hierfür wurden zum einen die Oberflächendiffusion des Kohlenstoffdioxids und zum anderen die Hinderung der Porendiffusion für Stickstoff angegeben.

Als Modellsysteme für die genannten Untersuchungen wurden ausschließlich Gase mit sehr kleinem Molekulargewicht, sowie möglichst unterschiedlichen Eigenschaften hinsichtlich Polarität oder Reaktivität gewählt, welche durch die Oberflächenmodifizierung ausgenutzt werden können. Die für die Trennung von Enantiomerengemischen nutzbaren Unterschiede sind jedoch wesentlich geringer. Daher sind die eingesetzten Oberflächenmodifikationen (Selektoren) komplexer und die erreichbaren Selektivitäten meist vergleichsweise klein. Im folgenden Abschnitt wird ein Überblick über enantioselektive Oberflächen gegeben, die für solche Trennungen vorgeschlagen wurden.

1.1.2   Enantioselektive Oberflächen

Seit der ersten gaschromatographischen Enantiomerentrennung an einer chiralen stationären Phase 1966[40] wurde eine Vielzahl an verschiedenen enantioselektiven Oberflächen entwickelt.[41] Die naheliegendste Möglichkeit zur Synthese einer enantioselektiven Oberfläche ist die Immobilisierung eines chiralen Moleküls auf einer sonst achiralen Oberfläche, welches eine selektive Wechselwirkung zu einer Komponente des zu trennenden Racemates aufweist. Hierzu wurden in der Literatur verschiedene Ansätze beschrieben. Shao et al.[42] immobilisierten das Protein Humanalbumin (HSA) an Goldmembranen um eine Trennung von Warfarin (ein Wirkstoff zur Blutgerinnungshemmung) zu erreichen. Weiterhin konnte mit Hilfe dieser Proteine unter anderem die Trennung von Tryptophan (eine essentielle Aminosäure) erreicht werden.[43,44] Tone et al.[45] nutzen eine Plasma-Polymerisierung um L-Menthol auf der Oberfläche einer Celluloseacetat-Membran zu binden. Diese konnte zur Trennung der Aminosäuren Tryptophan, Phenylalanin und Tyrosin genutzt werden. Die Immobilisierung von Desoxyribonukleinsäure zur Trennung von Aminosäuren wird unter anderem von Higuchi et al.[46,47] diskutiert. Sie stellten eine Abhängigkeit der Selektivitäten von der Porengröße des Trägers fest. Durch die Vergrößerung des Porendurchmessers über 2 nm wurde eine Selektivitätsumkehr erreicht.

Cyclodextrine werden aufgrund ihrer Variabilität in der Literatur sehr häufig als Selektoren für unterschiedliche Systeme verwendet.[48] Sie können durch die verfügbaren Molekülgrößen sowie die Möglichkeit der chemischen Modifizierung der molekularen Eigenschaften an verschiedene Zielkomponenten angepasst werden.[49] Chen et al.[50] verwenden native β- und γ-Cyclodextrine, um Benzoin sowie mehrere Aminosäuren mittels Elektrochromatographie zu trennen. Lubda et al.[51] konnten verschiedene pharmazeutische Wirkstoffe an immobilisiertem, nativem β-Cyclodextrin in einem HPLC-Prozess auftrennen. Die chemische Modifizierbarkeit der Cyclodextrine wurde unter anderem von Juza et al.[52] und Ng et al.[53] genutzt, um mit Hilfe von Cyclodextrin-Derivaten anästhetische Gase bzw. Duftstoffe zu trennen.

Eine weitere Möglichkeit enantioselektive Oberflächen zu schaffen, ist die Synthese einer mit einem Enantiomer des Racemates geprägte Oberfläche[54,55]. Vorteile dieses Ansatzes sind die freie Bestimmbarkeit der Elutionsreihenfolge, sowie die prinzipielle Anwendbarkeit auf eine Vielzahl an Systemen. Die Nachteile sind unter anderem die Beschränkung auf die Synthese durch Co-Kondensation und die geringe Kapazität dieser Oberflächen.

Vorschläge zur Synthese chiraler Oberflächen, deren Enantioselektivität nicht auf der Immobilisierung oder Imprägnierung von Selektoren, sondern auf der strukturellen Chiralität der Oberfläche selbst gründet, wurden unter anderem von Che et al.[56] veröffentlicht. Sie synthetisierten ein mesoporöses Silikat mit Hilfe von chiralen Mizellen, was zu einer gewundenen und damit chiralen Porenstruktur führte. Zudem werden in der Literatur verschiedene chirale Zeolithe beschrieben.[57] Weiterhin konnten durch die Verwendung von chiralen Verknüpfungen zwischen den Metall-Zentren verschiedene chirale MOF-Materialien hergestellt werden.[58] Andere chirale Oberflächen konnten auf Mineralien und Metallen gefunden werden.[59] Als mögliche enantioselektive Anwendungen werden für diese Materialien neben der Stofftrennung die Sensorik und die chirale Katalyse angegeben.

1.2 Zielstellung und Chronologie der Arbeit

Die Hauptaufgabe dieser Arbeit ist die Bewertung des Potentials einer Modifizierung der funktionellen Gruppen auf der Oberfläche einer porösen Struktur im Hinblick auf die Anwendung zur Trennung einander ähnlicher Gase. Die Trennung eines Gasgemisches mit Hilfe einer mesoporösen Struktur ist aufgrund der sehr geringen ausnutzbaren Unterschiede im Stofftransportverhalten der Gasphase äußerst schwierig. Die stofflichen Eigenschaften, die zu einer Trennung durch eine poröse Struktur genutzt werden können, führen oft nur zu geringen und zudem unspezifischen Selektivitäten (molare Masse, dynamische Viskosität) oder setzen wesentlich engere Porengrößen und damit kleinere Flüsse voraus (kinetischer Moleküldurchmesser). Neben der Optimierung der Porenstrukturen dieser Materialien wird in der gegenwärtigen Literatur daher die gezielte Beeinflussung der Interaktion der Gase mit der Oberfläche der porösen Strukturen diskutiert.[60]

Die Adsorption der zu trennenden Komponenten auf der Oberfläche des porösen Materials ist die Grundlage verschiedener Trennprozesse und ist aufgrund einer möglichen Oberflächendiffusion entlang der inneren Oberfläche des Materials auch für den Stofftransport von entscheidender Bedeutung. Eine chemische Modifikation der Oberfläche kann spezifische Adsorptionsstellen für eine der Komponenten des Gasgemisches schaffen, und dadurch die Trennleistung der porösen Struktur verändern oder erst erzeugen. Abhängig von der Größe der eingebrachten chemischen Strukturen ist es prinzipiell denkbar, die Mikrostruktur des genutzten Materials weitestgehend intakt zu halten und damit die Eigenschaften und Vorteile des porösen Materials zu erhalten. Es ist dadurch möglich, bekannten und gut charakterisierten Strukturen neue Funktionen zu geben.

Im Bezug auf diese Idealvorstellung einer gezielt ausnutzbaren Oberflächenmodifizierung sollen im Rahmen dieser Studie insbesondere folgende Fragestellungen analysiert werden:

(1) Ist eine Modifizierung der Oberflächenchemie unter Beibehaltung der wesentlichen strukturellen Parameter möglich?

(2) Wie wirkt sich eine chemische Oberflächenmodifizierung auf den Gesamtstofftransport durch ein Porensystem aus?

(3) Können eingebrachte spezifische Wechselwirkungen mit Zielkomponenten unspezifische Wechselwirkungen überwiegen?

(4) Ist es möglich, durch eine Oberflächenmodifizierung eine veränderte Trennwirkung zu erzeugen?

Zur Beantwortung dieser Fragen wurden im Rahmen dieser Studie zwei Trennprobleme mit Hilfe von chemisch modifizierten Oberflächen untersucht. Als Trägermaterial für die Oberflächenmodifizierungen wurde jeweils poröses Glas genutzt. Dieses ist in der vorhandenen Literatur sehr gut charakterisiert und kann durch die vorhandenen Oberflächenhydroxylgruppen leicht durch Silane modifiziert werden. Zudem kann es durch die Möglichkeit einer flexiblen Formgebung in verschiedenen Prozessen eingesetzt werden.

Das erste Problem behandelt die Trennung eines Gemisches aus Kohlenstoffdioxid und Propan mittels einer mesoporösen Membran. Da diese Gase das gleiche Molekulargewicht aufweisen, sind sie durch den von der Knudsen-Diffusion beherrschten Stofftransport durch das Porensystem nicht trennbar. Somit sind beobachtete Trenneffekte für dieses System direkt auf die unterschiedlichen Wechselwirkungen mit der Oberfläche des porösen Mediums zurückzuführen. Eine Modifizierung der Membranoberfläche mit Aminen soll hier eine spezifische Adsorption von CO_2 ermöglichen. Das zweite Trennproblem ist die Racematspaltung des Anästhetikums Desfluran mittels Gaschromatographie. Zur Generierung der Enantioselektivität sollen Cyclodextrin-Derivate auf der Oberfläche der porösen Glasträger immobilisiert werden.

Diese Arbeit besteht aus fünf Kapiteln. Das folgende Kapitel 2 soll einen Überblick über die theoretischen und materialtechnischen Grundlagen dieser Arbeit geben. Es werden zum einen die zu Grunde liegenden Mechanismen sowohl der Adsorption als auch des Stofftransportes durch poröse Medien aufgezeigt. Zum anderen werden die Herstellung, Struktur- und Oberflächeneigenschaften der porösen Gläser als ausgewähltes Trägersystem betrachtet. Des Weiteren werden verschiedene Arten der Oberflächenmodifizierung dargestellt und diskutiert.

Kapitel 3 erläutert die für diese Arbeit gewählten Trennprobleme und den jeweils vorgeschlagenen Lösungsweg unter Verwendung von Modifizierungen der Oberfläche der porösen Gläser.

Kapitel 4 ist dem Trennproblem einer Mischung zweier Gase gleichen Molekulargewichtes gewidmet. Hierzu wird die Trennung mit Hilfe einer mesoporösen Glasmembran untersucht. Die Glasmembranen wurden mit zwei Aminoorganosilanen mit einer bzw. drei Amino-Gruppen pro Silan-Molekül modifiziert und die Auswirkungen der eingebrachten Modifizierung auf die Porenstruktur, Oberflächenchemie, sowie die Adsorptionseigenschaften für die

Komponenten der verwenden Gasmischung ermittelt. Die Stofftransportmessungen wurden sowohl für die Einzelgase Kohlenstoffdioxid, Propan und das nicht adsorbierbare Gas Stickstoff als auch für Mischungen aus diesen Gasen durchgeführt. Die beobachteten Stofftransport-Parameter, Selektivitäten und Temperaturabhängigkeiten wurden mit denen der unmodifizierten Membranen verglichen, um die Auswirkungen der Modifikation auf die einzelnen Teilmechanismen des Transportprozesses zu beschreiben. Zudem wird das Potential einer solchen Modifikation für die Trennung CO_2-haltiger Gemische eingeschätzt.

Kapitel 5 behandelt die Racematspaltung des anästhetischen Gases Desfluran. Ein Derivat eines in der Literatur bekannten Cyclodextrin-Selektors wurde hierzu auf der Oberfläche poröser Glaspartikel immobilisiert. Das Glas diente daraufhin als stationäre Phase für die gaschromatographische Trennung des Anästhetikums. Das Hauptaugenmerk dieses Abschnitts liegt auf der praktischen Umsetzung der Modifikation, dem Erhalt der porösen Trägerstruktur während der Immobilisierung des voluminösen Selektors sowie der Implementierung einer Enantioselektivität auf dem achiralen Material. Anschließend werden weitere potentielle Methoden der Charakterisierung des hergestellten Materials sowie Möglichkeiten zur Hochskalierung und praktischen Anwendung diskutiert.

Die Arbeit schließt mit Kapitel 6, in welchem die wichtigsten Ergebnisse dieser Arbeit zusammenfassend dargestellt und die hier benannten Fragestellungen anhand der beiden behandelten modellhaften Trennprobleme beantwortet werden. Es wird der Versuch der Verallgemeinerung der gezogenen Schlüsse auf die Oberflächenmodifikation mesoporöser Strukturen unternommen. Zudem werden abschließend Vorschläge für weiterführende Studien zur Oberflächenmodifizierung poröser Strukturen im Allgemeinen und der hier beschriebenen Trennprobleme im Speziellen gemacht.

[1] F. Schüth, Poröse Materialien im Überblick, Chem. Ing. Tech., 2010, 82 (6), 769.

[2] U. Ciesla, F. Schüth, Ordered mesoporous materials, Microporous Mesoporous Mater., 1999, 27 (2-3), 131.

[3] A. Corma, From microporous to mesoporous molecular sieve materials and their use in catalysis, Chem. Rev., 1997, 97 (6), 2373.

[4] F. Hoffmann, M. Fröba, Vitalising porous silica networks with organic funtions – PMOs and related hybrid materials, Chem. Soc. Rev., 2011, 40, 608.

[5] D. Brühwiler, Postsynthetic functionalization of mesoporous silica, Nanoscale, 2010, 2, 887.

[6] T. Yokoi, Y. Kubota, T. Tatsumi, Amino-functionalized mesoporous silica as base catalyst and adsorbent, Appl. Catal., A, 2012, 421-422, 14.

[7] A. Walcarius, M. Etienne, J. Bessiere, Rate of access to the binding sites in organically modified silicates. 1. Amorphous silica gels grafted with amine or thiol groups, Chem. Mater., 2002, 14, 2757.

[8] S. Prakash, T. M. Long, J. C. Selby, J. S. Moore, M. A. Shannon, "Click" modification of silica surfaces and glass microfluidic channels, Anal. Chem., 2007, 79, 1661.

[9] P. K. Jal, S. Patel, B. K. Mishra, Chemical modification of silica surface by immobilization of functional groups for extractive concentration of metal ions, Talanta, 2004, 62, 1005.

[10] Y. G. Hsu, J. H. Huang, Model reaction of epoxy-containing siloxane, J. Non-Cryst. Solids, 1996, 208, 259.

[11] L. A. Belyakova, A. M. Varvarin, Surfaces properties of silica gels modified with hydrophobic groups, Colloids Surf., A, 1999, 154, 285.

[12] V. Nguyen, W. Yoshida, J.-D. Jou, Y. Cohen, Kinetics of free-radical graft polymerization of 1-vinyl-2-pyrrolidone onto silica, J. Polym. Sci., Part A: Polym. Chem., 2002, 40, 26.

[13] D. J. Macquarrie, S. E. Fairfield, The Heck reaction at a silica surface. Functionalization of simple organo-modified silicas, J. Mater. Chem., 1997, 7 (11), 2201.

[14] S. Dash, S. Mishra, S. Patel, B. K. Mishra, Organically modified silica: synthesis and applications due to its surface interaction with organic molecules, Adv. Colloid Interface Sci., 2008, 140, 77.

[15] J. Nakazawa, B. J. Smith, T. D. P. Stack, Discrete complexes immobilized onto click-SBA-15 silica: controllable loadings and the impact of surface coverage on catalysis, J. Am. Chem. Soc., 2012, 134, 2750.

[16] G. E. Romanos, O. C. Vangeli, K. L. Stefanopoulos, E. P. Kouvelos, S. K. Papageorgiou, E. P. Favvas, N. K. Kanellopoulos, Methods of evaluating pore morphology in hybrid organic-inorganic porous materials, Microporous Mesoporous Mater., 2009, 120, 53.

[17] N. Ehlert, P. P. Müller, M. Stieve, P. Behrens, Immobilization of alkaline phosphatase on modified silica coatings, Microporous Mesoporous Mater., 2010, 131 (1-3), 51.

[18] P. Iliade, I. Miletto, S. Coluccia, G. Berlier, Functionalization of mesoporous MCM-41 with aminopropyl groups by co-condensation and grafting: a physico-chemical characterization, Res. Chem. Intermed., 2012, 38, 785.

[19] P. Kumar, V. V. Guliants, Periodic mesoporous organic-inorganic hybrid materials: applications in membrane separations and adsorption, Microporous Mesoporous Mater., 2010, 132 (1-2), 1.

[20] E. F. Vansant, P. Van Der Voort, K. C. Vrancken, Characterization and chemical modification of the silica surface, Elsevier Science B. V., Amsterdam, 1995.

[21] L. Xu, H. K. Lee, Preparation and analytical application of a hybrid organic-inorganic silica-based monolith, J. Chromatogr., A, 2008, 1195, 78.

[22] M. H. Lim, A. Stein, Comparative studies of grafting and direct synthesis of inorganic-organic hybrid mesoporous materials, Chem. Mater., 1999, 11, 3285.

[23] N. E. Fernandes, G. R. Gavalas, Gas transport in porous Vycor glass subjected to gradual pore narrowing, Chem. Eng. Sci., 1998, 53 (5), 1049.

[24] S. Higgins, B. A. McCool, C. P. Tripp, D. M. Ruthven, W. J. DeSisto, Covalent attachment of monochlorosilanes to mesoporous silica membranes using supercritical fluid deposition, Sep. Sci. Technol., 2008, 43, 4113.

[25] S. Higgins, W. DeSisto, D. Ruthven, Diffusive transport through mesoporous silica membranes, Microporous Mesoporous Mater., 2009, 117, 268.

[26] M. Noack, P. Kölsch, P. Toussaint, P. Druska, J. Caro, Keramik-Membranen mit molekularen Trenneigenschaften – Teil 2: Funktionalisierung keramischer Memranen durch Silylierung, Chem. Ing. Tech., 1998, 70, 992.

[27] M. Noack, P. Kölsch, U. Bentrup, P. Druska, P. Toussaint, J. Caro, Keramik-Membranen mit molekularen Trenneigenschaften – Teil 3: Phosphonylierung kommerzieller UF-Membranen für die molekulare Trennung, Chem. Ing. Tech., 1998, 70, 1331.

[28] K. Kuraoka, Y. Chujo, T. Yazawa, Hydrocarbon separation via porous glass membranes surface-modified using organosilane compounds, J. Membr. Sci., 2001, 182, 139.

[29] M. Dvoyashkin, E. E. Romanova, W.-D. Einicke, R. Gläser, J. Kärger, R. Valiullin, Diffusion of cyclohexane in native and surface-modified mesoporous glasses, Adsorption, 2011, 17, 93.

[30] C. Leger, H. D. L. Lira, R. Paterson, Preparation and properties of surface modified ceramic membranes. Part III. Gas permeation of 5 nm alumina membranes modified by trichloro-octadecylsilane, J. Membr. Sci., 1996, 120, 187.

[31] R. P. Singh, J. D. Way, K. C. McCarley, Development of a model surface flow membrane by modification of porous Vycor glass with a fluorosilane, Ind. Eng. Chem. Res., 2004, 43, 3033.

[32] R. P. Singh, J. D. Way, S. F. Dec, Silane modified inorganic membranes: effects of silane surface structure, J. Membr. Sci., 2005, 259, 34.

[33] R. P. Singh, P. Jha, K. Kalpakci, J. D. Way, Dual-surface-modified reverse-selective membranes, Ind. Eng. Chem. Res., 2007, 46, 7246.

[34] A. Lindbrathen, M.-B. Hägg, Glass membranes for purification of aggressive gases Part I: Permeability and stability, J. Membr. Sci., 2005, 259, 145.

[35] A. Lindbrathen, M.-B. Hägg, Glass membranes for purification of aggressive gases Part II: Adsorption measurements and diffusion coefficient estimation, J. Membr. Sci., 2005, 259, 154.

[36] J. Caro, M. Noack, P. Kölsch, Chemically modified ceramic membranes, Microporous Mesoporous Mater., 1998, 22, 321.

[37] P. Kumar, S. Kim, J. Ida, V. V. Guliants, Polyethyleneimine-modified MCM-48 membranes: effect of water vapor and feed concentration on N_2/CO_2 selectivity, Ind. Eng. Chem. Res., 2008, 47, 201.

[38] M. Ostwal, R. P. Singh, S. F. Dec, M. T. Lusk, J. D. Way, 3-Aminopropyltriethoxysilane functionalized inorganic membranes for high temperature CO_2/N_2 separation, J. Membr. Sci., 2011, 369 (1-2), 139.

[39] Y. Sakamoto, K. Nagata, K. Yogo, K. Yamada, Preparation and CO_2 separation properties of amine-modified mesoporous silica membranes, Microporous Mesoporous Mater., 2007, 101, 303.

[40] E. Gil-Av, B. Feibush, R. Charles-Sigler, Separation of enantiomers by gas liquid chromatography with an optically active stationary phase, Tetrahedron Lett., 1966, 7 (10), 1009.

[41] V. Schurig in: Chiral separation methods for pharmaceutical and biotechnological products, Wiley, Hoboken, 2011.

[42] P. Shao, G. Ji, P. Chen, Gold nanotube membranes: preparation, characterization and application for enantioseparation, J. Membr. Sci., 2005, 225, 1.

[43] H. Wang, Y. Li, T.-S. Chung, A fine match between the stereoselective ligands and membrane pore size for enhanced chiral separation, AIChE J., 2009, 55 (9), 2284.

[44] S. Kiyohara, M. Nakamura, K. Saito, K. Sugita, T. Sugo, Binding of DL-tryptophan to BSA adsorbed in multilayers by polymer chains grafted onto a porous hollow-fiber membrane in a permeation mode, J. Membr. Sci., 1999, 152, 143.

[45] S. Tone, T. Masawaki, T. Hamada, The optical resolution of amino acids by ultrafiltration membranes fixed with plasma polymerized L-menthol, J. Membr. Sci., 1995, 103, 57.

[46] A. Higuchi, H. Yomogita, B. O. Yoon, T. Kojima, M. Hara, S. Maniwa, M. Saitoh, Optical resolution of amino acids by ultrafiltration using recognition sites of DNA, J. Membr. Sci., 2002, 205, 203.

[47] A. Higuchi, A. Hayashi, N. Kanda, K. Sanui, H. Kitamura, Chiral separation of amino acids in ultrafiltration through DNA-immobilized cellulose membranes, J. Mol. Struct., 2005, 739, 145.

[48] T. E. Beesley in: Chiral recognition in separation methods: mechanisms and applications, Springer, Berlin, 2010.

[49] M. Speranza in: Chiral recognition in the gas phase, CRC Press, Boca Raton, 2010.

[50] Z. Chen, H. Ozawa, K. Uchiyama, T. Hobo, Cyclodextrin-modified monolithic columns for resolving dansyl amino acid enantiomers and positional isomers by capillary electrochromatography, Electrophoresis, 2003, 24, 2550.

[51] D. Lubda, K. Cabrera, K. Nakanishi, W. Lindner, Monolithic silica columns with chemically bonded β-cyclodextrin as a stationary phase for enantiomer separations of chiral pharmaceuticals, Anal. Bioanal. Chem., 2003, 377, 892.

[52] M. Juza, E. Braun, V. Schurig, Preparative enantiomer separation of the inhalation anesthetics enflurane, isoflurane and desflurane by gas chromatography on a derivatized γ-cyclodextrin stationary phase, J. Chromatogr., A, 1997, 769, 119.

[53] S.-C. Ng, T.-T. Ong, P. Fu, C.-B. Ching, Enantiomer separation of flavour and fragrance compounds by liquid chromatography using novel urea-covalent bonded methylated β-cyclodextrins on silica, J. Chromatogr., A, 2002, 968, 31.

[54] A. Seebach, A. Seidel-Morgenstern, Enantioseparation on molecularly imprinted monoliths – preparation and adsorption isotherms, Anal. Chim. Acta, 2007, 591, 57.

[55] N. Ul-Haq, T. Khan, J. K. Park, Enantioseparation with D-Phe- and L-Phe-imprinted PAN-based membranes by ultrafiltraton, J. Chem. Technol. Biotechnol., 2008, 83, 524.

[56] S. Che, Z. Liu, T. Ohsuna, K. Sakamoto, O. Tensaki, T. Tatsumi, Synthesis and characterization of chiral mesoporous silica, Nature, 429, 281.

[57] C. Dryzun, Y. Mastai, A. Shvalb, D. Avnir, Chiral silicate zeolithes, J. Mater. Chem., 2009, 19, 2062.

[58] M. Wang, M.-H. Xie, C.-D. Wu, Y.-G. Wang, From one to three: a serine derivative manipulated homochiral metal-organic framework, Chem. Commun., 2009, 17, 2396.

[59] D. S. Sholl, A. J. Gellman, Developing chiral surfaces for enantioselective chemical processing, AIChE J., 2009, 55 (10) 2484.

[60] S. Prakash, M. B. Karacor, S. Banerjee, Surface modification in microsystems and nanosystems, Surf. Sci. Rep., 2009, 64, 233.

2 Theoretische Grundlagen

Dieses Kapitel gibt einen Überblick über die wesentlichen Grundlagen der Adsorption und der Diffusion in porösen Medien. Diese sollen im weiteren Verlauf eine Basis für die Auswertung der beobachteten Effekte der Oberflächenmodifizierung bieten. Anschließend sollen die stofflichen Aspekte des für diese Studie gewählten Trägersystems der porösen Gläser präsentiert werden. Abschließend wird auf die Möglichkeiten der Oberflächenmodifikation dieser Materialien eingegangen.

2.1 Trennung von Gasgemischen an porösen Festkörpern

Zur Trennung von Gasgemischen können in diversen Prozessen die unterschiedlichen Stoffeigenschaften der Einzelkomponenten wie die Siedepunkte, die Löslichkeit in anderen Phasen, die molare Masse, die Molekülgröße oder die Wechselwirkungen mit der Oberfläche eines Feststoffes genutzt werden.[1] Das Ausnutzen der unterschiedlichen Wechselwirkungen der Komponenten eines Gasgemisches mit der Oberfläche eines Feststoffes ist die Grundlage verschiedener Trennprozesse wie der Chromatographie, der Adsorption und zum Teil der membrangestützten Trennung.[2] Eine gezielte Beeinflussung dieser Wechselwirkungen ist demnach für mehrere Prozesse relevant.[3]

Die Wechselwirkungen der Zielkomponente in einem Gasgemisch mit einer chemisch veränderten festen Oberfläche können unter anderem durch die Gleichgewichte zwischen adsorbierter Phase und Gasphase beschrieben werden. Zur Ausnutzung der oft geringen Unterschiede in der Adsorption zweier Komponenten sind jedoch häufig möglichst große Oberflächen nötig. Da diese zwangsläufig mit einer sehr engen Porenstruktur einhergehen, ist eine zusätzliche Betrachtung der Kinetik, das heißt des Transportes der Gasmoleküle zu den Adsorptionsstellen, unumgänglich.[4]

Dieses Kapitel soll einen Überblick über die theoretischen Grundlagen geben, die eine Beschreibung des Adsorptionsgleichgewichtes sowie des Stofftransportes zu den Adsorptionsplätzen ermöglichen.

2.1.1 Adsorption

Der Vorgang der Adsorption ist das Resultat aus den Wechselwirkungen zwischen der Oberfläche eines Feststoffes (Adsorbens) und freien Molekülen in dessen unmittelbarer Umgebung (Adsorptiv). Die attraktiven Wechselwirkungen beruhen

© Springer Fachmedien Wiesbaden GmbH, ein Teil von Springer Nature 2013
D. Stoltenberg, *Oberflächenmodifikation von porösen Gläsern zur Trennung von Gemischen ähnlicher Gase durch Membranverfahren und Adsorption*, Edition KWV,
https://doi.org/10.1007/978-3-658-24663-1_2

auf van-der-Waals-Kräften (Physisorption) oder der chemischen Bindung des Adsorbates auf der Oberfläche (Chemisorption). Eine Einteilung erlaubt dabei unter anderem das Ausmaß der entstehenden Adsorptionswärme. Von herausragender Bedeutung für die Charakterisierung des Adsorptionsprozesses sind die Kenntnis und die analytische Beschreibung der Adsorptionsgleichgewichte der für den jeweiligen Prozess relevanten Moleküle. Dazu finden Adsorptionsisothermen Anwendung. Sie sind Darstellungen der Gasmenge, die in Abhängigkeit des Gasdruckes, bei konstanter Temperatur auf der Oberfläche im Gleichgewicht adsorbiert ist.

Die bereits 1918 vorgestellte Langmuir-Adsorptions-Isotherme ist noch immer eine der gebräuchlichsten Formen der Beschreibung der Adsorptionsisothermen für kleine Gasmoleküle bei Temperaturen nahe der Raumtemperatur sowie bei niedrigen Drücken.[5] Weiterhin wird sie erfolgreich bei der mathematischen Beschreibung chromatographischer Trennprozesse eingesetzt.[6] Die zu Grunde liegenden Annahmen dieser Isotherme sind die begrenzte Anzahl von energetisch äquivalenten Adsorptionsplätzen, die Begrenzung der Adsorption auf eine Schicht von adsorbierten Molekülen und die Vernachlässigung von Wechselwirkungen zwischen adsorbierten Molekülen. Die klassische Form der Langmuir-Adsorptions-Isotherme ergibt sich für Einzelkomponenten zu:[7]

$$\theta = \frac{q}{q_{sat}} = \frac{bp}{1+bp} \, . \tag{2-1}$$

Hierbei sind q und q_{sat} die Beladung bzw. die Sättigungsbeladung des Materials. Der Langmuir-Parameter b ist eine temperaturabhängige Konstante die wie folgt definiert ist:

$$b = b_0 \exp\left(\frac{Q}{RT}\right), \text{ und } Q = -\Delta H_{iso}^{q\to 0}, \tag{2-2}$$

wobei Q die Adsorptionswärme ist, die mit der Adsorptionsenthalpie bei geringen Beladungen gleich gesetzt werden kann. Die Adsorptionsenthalpie bei konstanter Beladung ist durch die Clausius-Clapeyron-Gleichung definiert:[8]

$$\Delta H_{iso}(q) = -RT^2 \left[\frac{\partial \ln p}{\partial T}\right]_q . \tag{2-3}$$

Da der Prozess der Adsorption exotherm ist, nimmt die Adsorptionsenthalpie negative Werte an.

Für die Beschreibung einer heterogenen Oberfläche, dass heißt bei Vorliegen von mehreren (n) unterschiedlich attraktiven Adsorptionszentren k lässt sich die Langmuir-Isotherme wie folgt erweitern:

$$q = \sum_{k=1}^{n} q_{sat,k} \frac{b_k\,p}{1+b_k\,p}\,. \qquad (2\text{-}4)$$

Die klassische Langmuir-Isotherme kann für die Beschreibung der Adsorption eines Gasgemisches aus n Komponenten erweitert werden. Für den Bedeckungsgrad einer Komponente i gilt:[9]

$$\theta_i = \frac{b_i p_i}{1+\sum_{j=1}^{n} b_j p_j}\,. \qquad (2\text{-}5)$$

Durch die Anwesenheit mehrerer Spezies auf der Oberfläche wird daher die Konzentration der einzelnen Spezies im Vergleich zur Adsorption einer Einzelkomponente verringert. Wesentliche Voraussetzung für die Gültigkeit dieser Beschreibung ist, dass alle adsorbierten Spezies die gleiche Sättigungskonzentration auf der Oberfläche aufweisen.[8] Die thermodynamische Selektivität S der Adsorption einer Spezies i aus einem Zweistoffgemisch (i,j) ergibt sich dann zu:

$$S_{i,j}^{mix,ads} = \frac{b_i}{b_j}\,. \qquad (2\text{-}6)$$

In der Literatur wurden weiterhin verschiedene andere Modelle zur Beschreibung und Analyse der Adsorptionsisothermen vorgeschlagen, die sich nicht auf den Grenzfall der der Langmuir-Isotherme zugrunde liegenden Annahmen beschränken. Genannt seien an dieser Stelle nur die Brunauer-Emmett-Teller-Theorie[10], die es ermöglicht, anstelle einer Monolage auch die Adsorption von mehreren Schichten zu berücksichtigen, die Ideal Adsorption Solution Theorie[11] zur Beschreibung der Adsorption von Mehrkomponentengemischen sowie die Real Adsorption Solution Theorie für reale Systeme unter Einbeziehung der Aktivitätskoeffizienten[12].

Wie bereits erwähnt sollte die Adsorption unter realen Bedingungen nicht getrennt von dem Stofftransport der Komponenten zu den Adsorptionsstellen betrachtet werden. Daher sollen im Folgenden auch die grundlegenden Modelle der Diffusion in porösen Medien vorgestellt werden.

2.1.2 Stofftransport

Der Erfolg einer Trennung eines Gemisches in der Gasphase mit Hilfe von Membranverfahren beruht vor allem auf Unterschieden im Stofftransport der einzelnen Komponenten durch die Membran. Die beobachtbare Leistung eines Membranverfahrens wird meist durch die Güte der Trennung (Selektivität) und den Durchsatz durch die Membran (Permeabilität, Permeanz) bewertet. Diese Kenngrößen sind jedoch nur die Summe verschiedener gleichzeitig ablaufender Prozesse im Inneren der Membran. Für die Weiterentwicklung einer Membran gibt es so mehrere mögliche Ansätze. Da diese Prozesse jedoch unterschiedliche und oft gegensätzliche Auswirkungen auf den Stofftransport der zu trennenden Komponenten haben, muss der Beeinflussung des Trennprozesses das Verständnis der einzelnen Transportmechanismen vorausgehen.

Die theoretischen Grundlagen der Diffusion einer Einzelkomponente gehen auf das erste Fick'sche Gesetz[13] zurück:

$$J = -D\frac{\partial c}{\partial x},$$

(2-7)

welches einen konstanten Fluss J mit Hilfe eines Diffusionskoeffizienten D entgegen einem Konzentrationsgradienten beschreibt. Bezogen auf den Fluss eines Gases durch eine poröse Struktur wird diese Beziehung wie folgt definiert:[14]

$$J = -\frac{\varepsilon}{\tau}\frac{D}{RT}\frac{\partial p}{\partial x}.$$

(2-8)

Die Parameter ε und τ spiegeln dabei die Porosität und die Tortuosität des porösen Materials wieder. Zweck dieser zusätzlich eingebrachten Parameter ist die Anpassung des Modells an die Nicht-Idealitäten einer realen porösen Struktur.[15] Die Porosität gibt den Anteil des Porenvolumens am Gesamtvolumen der porösen Struktur wieder. Dieses kann für das jeweilige poröse Material mit verschiedenen Methoden direkt bestimmt werden. Die Tortuosität zeigt das Verhältnis der effektiven mittleren Weglänge im porösen Medium zum kürzesten Abstand in derselben Richtung an.[16,17] Da der Verzweigungsgrad der Poren nicht oder nur schwer direkt zugänglich ist, stellt die experimentell bestimmte Tortuosität einen empirischen Parameter dar, der auch andere auftretende Transportwiderstände wie Abweichungen vom mittleren Porendurchmesser beinhaltet.[18]

Die beobachtete Diffusion von gasförmigen Medien durch einen porösen Festkörper kann abhängig von der porösen Struktur des Festkörpers, den auftretenden Wechselwirkungen des Gases mit der Oberfläche des Feststoffes und dem Auftreten von Gradienten im Gesamtdruck mit verschiedenen Diffusionsmechanismen beschrieben werden.

Wichtige Parameter bei der Beschreibung der Diffusion mit Hilfe der verschiedenen Mechanismen sind der mittlere Porendurchmesser des porösen Mediums und die mittlere freie Weglänge der Moleküle des transportierten Gases. Die mittlere freie Weglänge λ eines Moleküls in der Gasphase entspricht dabei der mittleren Entfernung, die es zwischen zwei Kollisionen zurücklegt:[19]

$$\lambda = \frac{k_B T}{\pi d_M^2 \, p \sqrt{2}} \, .$$ (2-9)

Hierbei ist k_B die Boltzmann-Konstante und d_M der Durchmesser des transportierten Moleküls. Ausgehend von einem Porendurchmesser, der größer ist als die mittlere freie Weglänge der diffundierenden Moleküle, kann argumentiert werden, dass Zusammenstöße zwischen den Molekülen wesentlich häufiger stattfinden als Zusammenstöße der Moleküle mit der Porenwand. Somit kann der Einfluss der Porenwand auf den Diffusionsprozess vernachlässigt und der Stofftransport mit dem Mechanismus der molekularen Diffusion dargestellt werden.[20] Ist der Porendurchmesser kleiner als die freie Weglänge überwiegen Kollisionen zwischen Molekülen und der Porenwand. Dieses kann durch die Knudsen-Diffusion beschrieben werden.[21] Nähert sich der Porendurchmesser der Größe der Moleküle an, gewinnen die Wechselwirkungen mit der Oberfläche der Poren an Bedeutung und man spricht von Diffusion in Mikroporen bzw. konfigureller Diffusion.[22] Bei zusätzlichem Auftreten eines Gradienten im Gesamtdruck wird zudem ein viskoser Fluss (Konvektion) induziert.[16]

Gänzlich unabhängig von der Größe der Poren ist der Transport adsorbierter Moleküle an der Oberfläche des porösen Festkörpers. Dieser Prozess ist durch die Oberflächendiffusion beschreibbar.[23]

Da die genannten Mechanismen jeweils Grenzfälle darstellen, müssen bei der Beschreibung des Stofftransportes durch eine reale poröse Struktur stets mehrere Mechanismen parallel berücksichtigt werden. Im Folgenden sollen die Diffusionsmechanismen zunächst einzeln erläutert werden. Anschließend wird ein Überblick über die Modelle gegeben, die zur Beschreibung des Gesamtprozesses verwendet werden können.

2.1.2.1 Molekulare Diffusion

Man spricht von molekularer Diffusion, wenn die Porengröße signifikant größer ist als die mittlere freie Weglänge der Moleküle, so dass die Molekül-Molekül-Stöße die Molekül-Wand-Stöße dominieren (Abbildung 2-1). So kann im Bereich der molekularen Diffusion die Porengröße vernachlässigt werden.

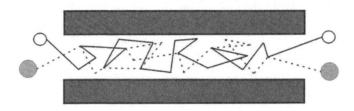

Abbildung 2-1: Schematische Darstellung der molekularen Diffusion

Aufgrund der intermolekularen Kollisionen findet ein Impulsaustausch zwischen den diffundierenden Spezies statt. So sind im Falle einer binären Gasmischung (i,j) die entstehenden Flüsse der Komponenten nicht von einander unabhängig, sondern werden von den Wechselwirkungen miteinander bestimmt[24]:

$$J_i = -D_{ij}\frac{\partial c_i}{\partial x}, \text{ sowie } \qquad J_j = -D_{ji}\frac{\partial c_j}{\partial x}. \tag{2-10}$$

Unter der Voraussetzung, dass der Nettogasstrom gleich Null ist und keine Gradienten im Gesamtdruck vorliegen, gilt zudem[25]:

$$J_i + J_j = 0. \tag{2-11}$$

In der Maxwell-Stefan-Notation[26] werden diese Zusammenhänge für ideale Gase bei konstantem Druck wie folgt beschrieben:

$$-\frac{1}{p}\frac{\partial p}{\partial x} = \sum_{i \neq j}^{n}\frac{y_i J_j - y_j J_i}{cD_{ij}^{M-S}}, \tag{2-12}$$

wobei D_{ij}^{M-S} der so genannte Maxwell-Stefan-Diffusionskoeffizient ist und y_i die Stoffmengenanteile darstellen. Der Vorteil dieser Diffusionsgleichung ist, dass sie leicht auf Mehrstoffgemische angewendet werden kann. Zudem kann sie unter Berücksichtigung eines thermodynamischen Korrekturfaktors Γ_{ij} zur Beschreibung von nicht-idealen Gasmischungen verwendet werden. Die Diffusionskoeffizienten für eine binäre Gasmischung nach Fick und Maxwell-Stefan stehen dabei wie folgt in Beziehung[26]:

$$D_{ij} = D_{ij}^{M-S}\Gamma_{ij}, \text{ wobei } \Gamma_{ij} = \delta_{ij} + y_i \frac{\partial \ln \gamma_i}{\partial \ln y_j}. \qquad (2\text{-}13)$$

Die Symbole δ_{ij} und γ_i stehen hierbei für die Kronecker-Deltafunktion und den Aktivitätskoeffizient der Komponente i. Für ideale Mischungen ist der thermodynamische Korrekturfaktor gleich 1 und somit sind die Diffusionskoeffizienten nach Fick und Maxwell-Stefan identisch. Der Fick'sche Diffusionskoeffizient einer realen Mischung beinhaltet also bereits Nicht-Idealitäten und ist somit schwer vorhersagbar.[21]

Zur Abschätzung der molekularen Diffusionskoeffizienten einer binären Mischung können häufig mit hinreichender Genauigkeit[27] semi-empirische Ansätze, z. B. von Chapman und Enskog, genutzt werden:[28,24]

$$D_{ij} = \frac{18,58 T^{3/2} \sqrt{\dfrac{M_i + M_j}{M_i M_j}}}{p\sigma_{ij}^2 \Omega_D}, \qquad (2\text{-}14)$$

wobei σ_{ij} den mittleren Stoßquerschnitt der Komponenten und Ω_D das Kollisionsintegral darstellt. Die molekulare Diffusion ist damit druckabhängig und zeigt eine umgekehrte Proportionalität zum Gesamtdruck. Bei Betrachtung eines Stofftransportes durch ein poröses Medium muss auch der molekulare Diffusionskoeffizient durch die Porosität und die Tortuosität der porösen Struktur erweitert werden.

2.1.2.2 Knudsen-Diffusion

Wenn die mittlere freie Weglänge eines diffundierenden Moleküls größer als die Porengröße der Membran ist, ist die Wahrscheinlichkeit einer Kollision zwischen einem Molekül und der Porenwand größer als die Wahrscheinlichkeit eines Zusammenstoßes zweier Moleküle. Durch Vernachlässigung dieser Molekül-Molekül-Kollisionen wird angenommen, dass sich die Moleküle unabhängig von einander im Porenraum bewegen können.[29] Wenn die Moleküle auf die Porenwand treffen, werden sie kurzzeitig adsorbiert und in eine zufällige Richtung durch Repulsion reflektiert.[30,31] Dieser Diffusionsmechanismus wird nach dem Forscher Martin Knudsen als Knudsen-Diffusion bezeichnet. Eine schematische Illustration ist in Abbildung 2-2 gegeben.

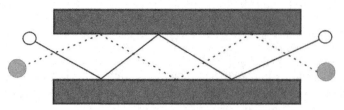

Abbildung 2-2: Schematische Darstellung des Knudsen-Mechanismus

Der Knudsen-Diffusionskoeffizient D_K in einer geraden zylindrischen Kapillare mit dem Durchmesser d_P ergibt sich für ein Einstoffsystem zu[32]:

$$D_K = \frac{1}{3}\overline{v}d_P = \frac{1}{3}d_P\sqrt{\frac{8RT}{\pi M}}. \tag{2-15}$$

Es ist ersichtlich, dass die Diffusion nach dem Knudsen-Mechanismus keine Wechselwirkungen zwischen Komponenten eines Gasgemisches berücksichtigt. Weiterhin ist die Knudsen-Diffusion unabhängig vom Druck. Analog zur molekularen Diffusion ($T^{1,5}$) ist auch die Knudsen-Diffusion abhängig von der Temperatur ($T^{0,5}$). Die Teilchenstromdichte berechnet sich in Analogie zu Gleichung 2-8:

$$J_K = -\frac{\varepsilon}{\tau}\frac{D_K}{RT}\frac{\partial p}{\partial x}. \tag{2-16}$$

Die maximal erreichbare Selektivität zwischen zwei Gasen i und j im Knudsen-Mechanismus ist daher durch das Verhältnis ihrer molaren Massen gegeben:

$$S_{i,j}^K = \frac{D_{K,i}}{D_{K,j}} = \sqrt{\frac{M_j}{M_i}}. \tag{2-17}$$

2.1.2.3 Viskoser Fluss

Wenn über der Membran ein Gradient im Gesamtdruck vorliegt, wird ein viskoser Fluss bzw. Poiseuille-Fluss induziert.[21] Die Wechselwirkungen der Moleküle untereinander werden in diesem Fall als so stark angenommen, dass der Transport durch die poröse Struktur konvektiv erfolgt.[25] Daher ist dieser Transportmechanismus dominierend, wenn die Größe der Poren die mittlere freie Weglänge übersteigt, so dass solche Wechselwirkungen stattfinden können. Die Teilchenstromdichte kann für den viskosen Fluss wie folgt ausgedrückt werden:[16]

$$J_v = -\frac{\varepsilon}{\tau}\frac{B_0}{RT}\frac{p}{\eta}\frac{\partial p}{\partial x},$$
(2-18)

wobei η die dynamische Viskosität des Gases darstellt. Die Permeabilitätskonstante B_0 kann für eine zylindrische Pore nach der Hagen-Poiseuille'schen Gleichung bestimmt werden:[21]

$$B_0 = \frac{d_P^2}{32}.$$
(2-19)

Der viskose Fluss wird somit durch eine laminare Strömung beschrieben. Das impliziert, dass die Geschwindigkeit der transportierten Teilchen an der Porenwand gleich Null ist. Bei niedrigen Drücken und in kleinen Poren kann diese vereinfachende Annahme jedoch nicht aufrechterhalten werden, da die Kollisionen mit der Porenwand dann nicht mehr vernachlässigt werden können. Der Stofftransport kann in diesem Fall durch eine Überlagerung von Knudsen-Diffusion und viskosem Fluss beschrieben werden:[33]

$$J_g = -(D_K + \frac{B_0 p}{\eta})\frac{\varepsilon}{\tau}\frac{1}{RT}\frac{\partial p}{\partial x}.$$
(2-20)

Der viskose Fluss wirkt auf den Transport von Gemischen unselektiv. Der Fluss eines Gemisches setzt sich daher aus den über die n Stoffmengenanteile gewichteten Flüssen der einzelnen Komponenten des Gemisches zusammen:

$$J_v = \sum_{i=1}^{n} y_i J_{v,i}.$$
(2-21)

2.1.2.4 Oberflächendiffusion

Oberflächendiffusion tritt bei einer physikalischen oder chemischen Adsorption eines Gases verbunden mit einem Gradienten in der Oberflächenkonzentration auf (Abbildung 2-3). Obwohl die Mobilität der auf der Oberfläche adsorbierten Moleküle wesentlich geringer ist, als die Mobilität der Moleküle in der Gasphase, kann die Oberflächendiffusion aufgrund der wesentlich höheren Konzentration in der adsorbierten Phase einen substantiellen Beitrag zum Gesamttransport leisten.[29]

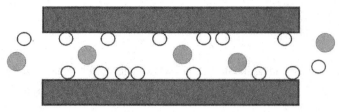

Abbildung 2-3: Schematische Darstellung der Oberflächendiffusion

Da die Adsorption der Moleküle auf der Oberfläche eine Voraussetzung für die Oberflächendiffusion darstellt, ist der Mechanismus in hohem Maße temperaturabhängig. Bei niedrigen Temperaturen ist die Mobilität der adsorbierten Moleküle stark eingeschränkt. Mit steigender Temperatur sinkt hingegen die Konzentration auf der Oberfläche beträchtlich.

Da die Oberflächendiffusion im Gegensatz zu den vorher beschriebenen Stofftransportmechanismen nicht im Porenvolumen, sondern an der Oberfläche der Feststoffphase stattfindet ergibt sich die Teilchenstromdichte zu:[34]

$$J_{ads} = -(1-\varepsilon)D_S \frac{\partial q}{\partial x}. \tag{2-22}$$

Ausgehend von der Annahme einer Energieverteilung auf der Oberfläche, gibt es nur eine begrenzte Anzahl von Adsorptionszentren für ein Molekül. Die Oberflächendiffusion kann dann als Sprungmechanismus eines adsorbierten Moleküls von einem Adsorptionsplatz zum Nächsten dargestellt werden. Der Diffusionskoeffizient lässt sich dann mit der Sprungfrequenz und der Sprungweite beschreiben.[23,35]

Analog zur molekularen Diffusion (Gleichung 2-13) kann auch hier der Diffusionskoeffizient durch einen Maxwell-Stefan-Diffusionskoeffizienten und einen entsprechend angepassten thermodynamischen Faktor ausgedrückt werden:[36]

$$D_S = D_S^{M-S}\Gamma, \text{ wobei } \Gamma = \frac{\partial \ln p}{\partial \ln q}. \tag{2-23}$$

Der thermodynamische Korrekturfaktor Γ spiegelt hier die Nicht-Idealität der adsorbierten Phase und die Nicht-Linearität des Sorptionsgleichgewichtes wieder. Wird der Berechnung der Oberflächenkonzentration die Langmuir-Isotherme (Gleichung 2-1) zugrunde gelegt, ergibt sich der thermodynamische Korrekturfaktor zu:[21]

$$\Gamma = \frac{1}{1-\theta}.$$ (2-24)

Da mit zunehmender Konzentration der adsorbierten Moleküle auf der Oberfläche auch die Anzahl der freien Adsorptionsplätze abnimmt, ist der Diffusionskoeffizient abhängig von der Oberflächenkonzentration:

$$D_S^{M-S} = D_{S,0}^{M-S} f(q).$$ (2-25)

$D_{S,0}^{M-S}$ ist der Diffusionskoeffizient bei einer Oberflächenkonzentration von Null. Die Funktion $f(q)$ gibt dabei die Anzahl der freien Adsorptionsplätze wieder:

$$f(q) = 1 - \theta.$$ (2-26)

Im Falle sehr kleiner Oberflächenkonzentrationen, zum Beispiel im Bereich der Henry-Isotherme, kann die Funktion $f(q)$ mit dem Wert 1 angenommen werden, so dass der Diffusionskoeffizient als unabhängig von der Oberflächenkonzentration angesehen werden kann.[37] Die Temperaturabhängigkeit der Oberflächendiffusion kann mit einem Arrhenius-Ansatz beschrieben werden:[38]

$$D_{S,0}^{M-S} = D_{S,0,0}^{M-S} \exp\left(-\frac{E_S}{RT}\right).$$ (2-27)

Die eingeführte Aktivierungsenergie E_S gibt die Energiebarriere für die Migration eines adsorbierten Moleküls vom gegenwärtigen Adsorptionsplatz zum benachbarten Adsorptionsplatz an. Da die Aktivierungsenergie nur für die Migration auf der Oberfläche, nicht jedoch für die vollständige Desorption von der Oberfläche gilt, kann sie als Teil der Adsorptionsenthalpie abgeschätzt werden:[35]

$$E_S = a(-\Delta H_{iso}), \text{ wobei } a < 1.$$ (2-28)

2.1.2.5 Diffusion in Mikroporen

Die Diffusion in Mikroporen, auch konfigurelle Diffusion genannt, herrscht vor, wenn sich der Porendurchmesser dem Durchmesser der transportierten Spezies, zum Beispiel bezogen auf den van-der-Waals-Radius, annähert. Dies wird vor allem in Zeolithen und Molekularsieben beobachtet,[29] kann aber auch die Konsequenz einer Poren verengenden Oberflächenmodifizierung sein.[39,40]

Durch die Enge der Poren sind die transportierten Moleküle praktisch zu jeder Zeit in Kontakt mit der Porenwand. Daher orientieren sich viele

Beschreibungen der Diffusion in Mikroporen stark an der Oberflächendiffusion.[29] Weiterhin wurden starke Abhängigkeiten von der Größe der Pore, der Beschaffenheit der Oberfläche sowie der Form der transportierten Moleküle beobachtet.[41]

Während die bisher genannten Diffusions-Mechanismen weitgehend verstanden sind, gibt es im Falle der Diffusion durch Mikroporen keine allgemein anerkannte mathematische Beschreibung. Die Frage, ob in Mikroporen von einem Nebeneinander einer Gasphase und einer adsorbierten Phase ausgegangen werden kann, ist dabei ein Diskussionspunkt.[42,43] Viele Studien nutzen daher einen Arrhenius-Ansatz um dem erheblichen Einfluss der Wechselwirkungen mit der Oberfläche darzustellen:[44,45]

$$D_M = \frac{1}{3} d_P \sqrt{\frac{8RT}{\pi M}} \exp\left(-\frac{\Delta E_g}{RT}\right). \tag{2-29}$$

Die hier eingeführte Aktivierungsenergie ΔE_g stellt dabei die Energiebarriere dar, die von adsorbierten Molekülen mit ausreichend hoher kinetischer Energie durchbrochen werden kann, um das Potentialfeld der Oberfläche verlassen und einen Transport in der Gasphase zu ermöglichen. Man kann daher von einer aktivierten Diffusion sprechen. Der Faktor 1/3 wird in verschiedenen Studien[44,46] abhängig von der Struktur des porösen Materials durch einen Wahrscheinlichkeitsfaktor für einen Sprung ersetzt. Die resultierende Teilchenstromdichte für die Diffusion durch Mikroporen ist:

$$J_M = -\frac{\varepsilon}{\tau_M} \frac{D_M}{RT} \frac{\partial p}{\partial x}. \tag{2-30}$$

Durch die hier verwendeten Mikroporen-Tortuosität τ_M wird ferner dem gegenüber anderen Transportmechanismen verlängerten Diffusionsweg Rechnung getragen,[47] der durch die starken Wechselwirkungen mit der Oberfläche und der daraus resultierenden Zickzack-Bewegung der Moleküle innerhalb der Poren verursacht wird. Die Mikroporen-Tortuosität ist demnach nicht identisch mit der Tortuosität in Mesoporen und abhängig von der Art der transportierten Moleküle.

2.1.2.6 Stofftransportmodelle durch Kombination mehrerer Mechanismen

Für die Beschreibung von Transportprozessen in realen porösen Festkörpern durch die parallele Berücksichtigung mehrerer Mechanismen wurden verschiedene Modelle aufgestellt. Eine getrennte Betrachtung des Transportes in der Gasphase und des Transportes in der adsorbierten Phase ist dabei eine wesentliche Grundlage. Der Stoffstrom wird daher wie folgt beschrieben:

$$J_g = J_{gas} + J_{ads} .$$
(2-31)

Für die Betrachtung des Gasphasentransportes sind verschiedene Modelle entwickelt worden, von denen das am häufigsten verwendete das Dusty Gas Model[48] ist. Im Folgenden soll dieses Modell genauer erläutert werden.

Grundgedanke des Dusty Gas Models ist die Beschreibung des porösen Feststoffes als zufällige Anordnung von großen, unbeweglichen Partikeln (Staub) unendlich großer Masse. Die poröse Struktur kann damit unabhängig vom Stofftransport betrachtet werden. Eine Berücksichtigung der Größe der Poren ist durch die Konzentration der unbeweglichen Partikel im Raum möglich.

Ein wesentlicher Teil des Dusty Gas Models ist die weitere Aufteilung des Anteils des Transportes in der Gasphase J_{gas} in einen konvektiven Teil J_v und einen diffusiven Teil J_d, der aus molekularer Diffusion und Knudsen-Diffusion besteht:

$$J_{gas} = J_v + J_d .$$
(2-32)

Folglich wird der viskose Fluss separat beschrieben und die molekulare Diffusion sowie die Knudsen-Diffusion werden wie in Reihe geschaltete Widerstände behandelt.[49] Der Vorteil der separaten Beschreibung ist die Trennung der Impulstransportterme und Diffusionsterme.[25] Der diffusive Teil ist dann in einem n-Komponentensystem wie folgt gegeben:

$$-\frac{1}{RT}\frac{\partial p_i}{\partial x} = \sum_{\substack{i \neq j, \\ j=1}}^{n} \frac{y_j J_{d,i} - y_i J_{d,j}}{\frac{\varepsilon}{\tau} D_{ij}^{M-S}} + \frac{J_{d,i}}{\frac{\varepsilon}{\tau} D_{K,i}} .$$
(2-33)

Durch die additive Berücksichtigung des konvektiven Teils erhält man:

$$-\frac{1}{RT}\left(\frac{\partial p_i}{\partial x} + \frac{y_i p B_0}{\eta D_{K,i}}\frac{\partial p}{\partial x}\right) = \sum_{\substack{i \neq j, \\ j=1}}^{n} \frac{y_j J_{gas,i} - y_i J_{gas,j}}{\frac{\varepsilon}{\tau} D_{ij}^{M-S}} + \frac{J_{gas,i}}{\frac{\varepsilon}{\tau} D_{K,i}} .$$
(2-34)

Die Beschreibung des Gasphasentransports nach dem Dusty Gas Model ist demnach nicht auf die Diffusion in Mikroporen anwendbar. Weiterhin wurden in der Literatur verschiedene Aspekte wie die Trennung von konvektivem und diffusivem Fluss, die Vernachlässigung von Gleitreibungseffekten und die Beschränkung auf vergleichsweise enge Porengrößenverteilungen kritisiert.[25] Daher wurden verschiedene alternative Modelle vorgeschlagen.

Die Grundlage des Mean Transport-Pore Models[50,51] ist, dass der Stofftransport im Wesentlichen in wenigen Transportporen stattfindet, die als zylindrische Kapillaren mit Durchmessern um den mittleren Porendurchmesser beschrieben werden. In diesem Modell wird zwar die Aufteilung des Gasphasentransportes übernommen, jedoch die Gleitreibung berücksichtigt.

Ein Hauptkritikpunkt an der separaten Behandlung der diffusiven und erzwungenen Flüsse ist, dass der viskose Fluss hierdurch doppelt berücksichtigt wird.[25] Im Binary Friction Model[52] wird die Aufspaltung des Gasphasentransportes daher umgangen. Die Vorteile des Binary Friction Models liegen vor allem in der Beschreibung von Gasmischungen bei niedrigen Drücken.[52]

Anschließend wurden Erweiterungen des Binary Friction Models von denselben Autoren postuliert. Das so genannte Velocity Profile Model[53] beschreibt den Transport in einer einzelnen Poren in eine Richtung mit Hilfe der axialen Geschwindigkeitsverteilung innerhalb der Pore. Später wurde eine verallgemeinerte Form dieser Modelle vorgestellt.[54]

Mit dem Cylindrical Pore Interpolation Model[55] wurde ein weiteres Modell veröffentlicht, welches die verschiedenen Kritikpunkte des Dusty Gas Models korrigieren soll. Besonderheiten dieses Modells sind die Entwicklung aus dem Grahamschen Gesetz sowie die Anwendung des Verhältnisses von Porosität zu Tortuosität zur Beschreibung der auftretenden Flüsse anstelle der Diffusionskoeffizienten.

Zusätzlich zum Stofftransport in der Gasphase, der über die genannten Modelle zugänglich ist, muss für adsorbierbare Gase der Transport der adsorbierten Spezies berücksichtigt werden. Unter Annahme der freien Adsorptionsplätze als quasi-stationäre Pseudo-Spezies auf der Oberfläche ergibt sich die Oberflächendiffusion in der Maxwell-Stefan-Notation zu:[15]

$$-\frac{(1-\varepsilon)\theta_i}{RT}\frac{\partial\mu_i}{\partial x} = \sum_{\substack{i\neq j,\\ j=1}}^{n}\frac{q_j J_{ads,i} - q_i J_{ads,j}}{q_{sat,i}q_{sat,j}D_{S,ij}^{M-S}} + \frac{J_{ads,i}}{q_{sat,i}D_{S,i}^{M-S}}. \tag{2-35}$$

Für die Beschreibung der hier verwendeten Beladungen für den Fall zweier adsorbierbarer Gase ist eine genaue Kenntnis der Gemisch-Adsorptionsisotherme nötig.[56] Während die Oberflächendiffusionskoeffizienten der einzelnen Gase durch Diffusionsmessungen erhalten werden können, ist der Koeffizient der Gemischwechselwirkungen experimentell nicht zugänglich. Ein empirischer Ansatz zur Beschreibung dieser Wechselwirkungen ist eine Abschätzung nach Vignes:[57,58]

$$D_{S,ij}^{M-S} = (D_{S,i}^{M-S})^{\frac{q_i}{(q_i+q_j)}} (D_{S,j}^{M-S})^{\frac{q_j}{(q_i+q_j)}}.$$

(2-36)

2.1.2.7 Selektivitäten

Für die Bewertung der Selektivität der einzelnen Adsorptions- und Transportprozesse werden in dieser Arbeit verschiedene Größen verwendet. Diese sollen im Folgenden zusammenfassend definiert werden. Dazu wird jeweils zwischen idealen und Gemischselektivitäten unterschieden. Die idealen Selektivitäten wurden unter der Voraussetzung von vernachlässigbaren Wechselwirkungen zwischen den Stoffen aus Einzelstoffparametern errechnet. Gemischselektivitäten wurden dagegen durch Messungen mit realen Gasgemischen gewonnen und beinhalten daher Wechselwirkungen und Nicht-Idealitäten.

Die thermodynamische Selektivität eines Adsorptionsprozesses $S_{i,j}^{mix,ads}$ ergibt sich für ein Zweistoffgemisch aus Gleichung 2-6. Eine ideale Selektivität kann aus den Adsorptionskapazitäten für die Einzelgase berechnet werden:

$$S_{i,j}^{id,ads}(p) = \frac{q_i(p)}{q_j(p)}.$$

(2-37)

Auch eine chromatographische Trennung beruht auf der thermodynamischen Selektivität der jeweils verwendeten stationären Phase. Aufgrund des üblichen Messprinzips ergibt sich die Gemischselektivität hierfür aus den Retentionszeiten t_R der Stoffe (i,j) und der mobilen Phase t_{Mo} zu:

$$S_{i,j}^{mix,chrom} = \frac{t_{R,i} - t_{Mo}}{t_{R,j} - t_{Mo}}.$$

(2-38)

Die kinetischen Selektivitäten der Transportprozesse durch eine poröse Matrix können analog zu thermodynamischen Selektivitäten für ideale und reale Gemische formuliert werden. Eine ideale Selektivität kann aus den

Gesamtpermeabilitäten P_{ges} der Einzelgase i und j durch die poröse Struktur errechnet werden:

$$S_{i,j}^{id,transp} = \frac{P_{ges,i}}{P_{ges,j}} \, . \tag{2-39}$$

Realistischere Trennfaktoren eines Gemisches können aus den Verhältnissen der Stoffmengenanteile der Komponenten i und j im Zulauf (y) und im Permeat (z) gewonnen werden:

$$S_{i,j}^{mix,transp} = \frac{z_i}{y_i} \frac{y_j}{z_j} \, . \tag{2-40}$$

Findet der Stofftransport ausschließlich durch die Knudsen-Diffusion statt, sind sowohl die ideale als auch die Gemischselektivität durch $S_{i,j}^{K}$ (Gleichung 2-17) gegeben, da Wechselwirkungen zwischen den transportierten Spezies in diesem Mechanismus nicht berücksichtigt werden.

2.1.3 Fazit

In diesem Kapitel wurden die Grundlagen der Gastrennung durch Adsorption an, sowie durch Diffusion durch poröse Feststoffe beschrieben. Beide Phänomene werden durch eine chemische Modifizierung der Oberfläche in direkter Weise beeinflusst und sind deshalb Gegenstand dieser Arbeit.

Die Beeinflussung der Adsorption eines Zielmoleküls an der Oberfläche eines porösen Körpers ist meist das vorrangige Ziel einer Oberflächenmodifizierung. Durch die Einbringung neuer oder die Eliminierung vorhandener Adsorptionszentren kann die Selektivität des Adsorptionsprozesses direkt beeinflusst werden. Zudem kann die Steigerung der Konzentration der Zielkomponente auf der Oberfläche sowohl für die adsorptive Trennung, als auch durch die Steigerung des Oberflächen-Konzentrationsgradienten über einer Membran für die membrangestützte Trennung vorteilhaft sein.

Da eine chemische Modifikation der Oberfläche auch zwangsläufig zu einer Veränderung der strukturellen Eigenschaften des Porensystems führt (vgl. 2.2.2), wird auch der Stofftransport in der Gasphase beeinflusst. Eine von der Porenstruktur losgelöste Beschreibung der Effekte einer Oberflächenmodifizierung ist daher nicht möglich.

Nachdem in diesem Abschnitt die Grundlagen zur Beschreibung und Bewertung der Effekte einer Modifikation der Oberfläche gelegt wurden, soll im nachfolgenden Abschnitt das in dieser Arbeit verwendete spezifische poröse Modellsystem sowie die Möglichkeiten der chemischen Oberflächenmodifizierung erläutert werden.

---

[1] M. Bohnet, F. Ullmann, Ullmann's encyclopedia of industrial chemistry, Wiley-VCH, Weinheim, 2003.

[2] A. Dabrowski in: Adsorption and its applications in industry and environmental protection, Vol. 1, Elsevier, Amsterdam, 1999.

[3] R. Denoyel, F. Rouquerol in: Handbook of Porous Solids, Vol. 1, Wiley-VCH, Weinheim, 2002.

[4] A. Dabrowski, Adsorption – from theory to practice, Adv. Colloid Interface Sci., 2001, 93, 135.

[5] J. Keller, R. Staudt, Gas adsorption equilibria – experimental methods and adsorption isotherms, Springer, New York, 2005.

[6] G. Guiochon, B. Lin, Modeling for preparative chromatography, Acad. Press, Amsterdam, 2003.

[7] I. Langmuir, The adsorption of gases on plane surfaces of glass, mica and platinum, J. Am. Chem. Soc., 1918, 40 (9), 1361.

[8] D. D. Do, Adsorption analysis: equilibria and kinetics, Imperial College Press, London, 1998.

[9] E. C. Markham, A. F. Benton, The adsorption of gas mixtures by silica, J. Am. Chem. Soc., 1931, 53 (2), 497.

[10] S. Brunauer, P. H. Emmet, E. Teller, Adsorption of gases in multimolecular layers, J. Am. Chem. Soc., 1938, 60, 309.

[11] A. L. Myers, J. M. Prausnitz, Thermodynamics of mixed-gas adsorption, AIChE J., 1965, 11 (1), 121.

[12] A. Seidel-Morgenstern, Mathematische Modellierung der präparativen Flüssig-chromatographie, Habilitationsschrift, Berlin, 1994.

[13] A. Fick, Über Diffusion, Poggendorff's Annalen, 1855, 94, 59.

[14] R. B. Evans, G. M. Watson, Gaseous diffusion in porous media at uniform pressure, J. Chem. Phys., 1961, 35 (6), 2076.

[15] R. Krishna, Problems and pitfalls in the use of the Fick formulation for intraparticle diffusion, Chem. Eng. Sci., 1993, 48 (5), 845.

[16] J. Caro in: Handbook of Porous Solids, Vol. 1, Wiley-VCH, Weinheim, 2002.

[17] P. C. Carman, Flow of gases through porous media, Butterworths, London, 1956.

[18] I.-S. Park, D. D. Do, Measurement of the effective diffusivity in porous media by the diffusion cell method, Catal. Rev.: Sci. Eng., 1996, 38 (2), 189.

[19] A. J. Burggraaf, L. Cot, Fundamentals of inorganic membrane science and technology, Elsevier, Amsterdam, 1996.

[20] A. Tuchlenski, P. Uchytil, A. Seidel-Morgenstern, An experimental study of combined gas phase and surface diffusion in porous glass, J. Membr. Sci., 1998, 140, 165.

[21] R. Krishna, J. A. Wesselingh, The Maxwell-Stefan approach to mass transfer, Chem. Eng. Sci., 1997, 52 (6), 861.

[22] S. Thomas, R. Schäfer, J. Caro, A. Seidel-Morgenstern, Investigation of mass transfer through inorganic membranes with several layers, Catal. Today, 2001, 67, 205.

[23] A. Kapoor, R. T. Yang, C. Wong, Surface diffusion, Catal. Rev.: Sci. Eng., 1989, 31 (1-2), 129.

[24] B. E. Poling, J. M. Prausnitz, J. P. O´Connell, The properties of gases and liquids, McGraw-Hill, New York, 2001.

[25] F. Keil, Diffusion und chemische Reaktionen in der Gas/Feststoff-Katalyse, Springer-Verlag, Berlin, 1999.

[26] R. Taylor, R. Krishna, Multicomponent mass transfer, John Wiley & Sons, New York, 1993.

[27] E. L. Cussler, Diffusion – Mass transfer in fluid systems, Cambridge University Press, Cambridge, 1997.

[28] S. Chapman, T. G. Cowling, The mathematical theory of non-uniform gases, Cambridge University Press, Cambridge, 1970.

[29] J. Kärger, D. M. Ruthven, Diffusion in zeolites and other microporous materials, John Wiley & Sons, New York, 1992.

[30] M. v. Smoluchowski, Zur kinetischen Theorie der Transpiration und Diffusion verdünnter Gase, Ann. Phys., 1910, 338 (16), 1559.

[31] C. N. Satterfield, Mass Transfer in Heterogeneous Catalysis, Robert E. Krieger Publishing Company, Malabar, 1970.

[32] M. Knudsen, Die Gesetze der Molekularströmung und der inneren Reibungsströmung der Gase durch Röhren, Ann. Phys., 1909, 333 (1), 75.

[33] R. B. Evans, G. M. Watson, Gaseous diffusion in porous media. II. Effect of pressure gradients, J. Chem. Phys., 1962, 36 (7), 1894.

[34] A. Markovic, D. Stoltenberg, D. Enke, E.-U. Schlünder, A. Seidel-Morgenstern, Gas permeation through porous glass membranes Part I. Mesoporous glasses – effect of pore diameter and surface properties, J. Membr. Sci., 2009, 336, 17.

[35] E. R. Gilliland, R. F. Baddour, G. P. Perkinson, K. J. Sladek, Diffusion on surfaces. I. Effect of concentration on the diffusivity of physically adsorbed gases, Ind. Eng. Chem. Fundam., 1974, 13 (2), 95.

[36] L. J. P. van den Broeke, W. J. W. Bakker, F. Kapteijn, J. A. Moulijn, Transport and separation of a silcate-1 membrane – I. Operating conditions, Chem. Eng. Sci., 1999, 54, 245.

[37] I. Medved, R. Cerny, Surface diffusion in porous media: a critical review, Microporous Mesoporous Mater., 2011, 142, 405.

[38] V. V. Levdansky, J. Smolik, P. Moravec, Effect of surface diffusion on transfer processes in heterogeneous systems, Int. J. Heat Mass Transfer, 2008, 51, 2471.

[39] S. Higgins, W. DeSisto, D. Ruthven, Diffusive transport through mesoporous silica membranes, Microporous Mesoporous Mater., 2009, 117 (1-2), 268.

[40] K. Beltsios, G. Charalambopoulou, G. Romanos, N. Kanellopoulos, A Vycor Membrane with reduced size surface pores I. Preparation and characterization, J. Porous Mater., 1999, 6, 25.

[41] B. Bettens, S. Dekeyzer, B. Van der Bruggen, J. Degreve, C. Vandecasteele, Transport of pure components in pervaporation through a microporous silica membrane, J. Phys. Chem. B, 2005, 109, 5216.

[42] J. van den Bergh, A. Tihaya, F. Kapteijn, High temperature permeation and separation characteristics of an all-silica DDR zeolite, Microporous Mesoporous Mater., 2010, 132, 137.

[43] G. R. Gavalas, Diffusion in microporous membranes: measurements and modelling, Ind. Eng. Chem. Res., 2008, 47, 5797.

[44] S. Thomas, R. Schäfer, J. Caro, A. Seidel-Morgenstern, Investigation of mass transfer through inorganic membranes with several layers, Catal. Today, 2001, 67, 205.

[45] J. R. Xiao, J. Wei, Diffusion mechanism of hydrocarbons in zeolites – I. Theory, Chem. Eng. Sci., 1992, 47, 1123.

[46] A. B. Shelekhin, A. G. Dixon, Y. H. Ma, Theory of gas diffusion and permeation in inorganic molecular-sieve membranes, AIChE J., 1995, 41 (1), 58.

[47] A. Markovic, D. Stoltenberg, D. Enke, E.-U. Schlünder, A. Seidel-Morgenstern, Gas permeation through porous glass membranes Part II. Transition regime between Knudsen and configurational diffusion, J. Membr. Sci., 2009, 336, 32.

[48] E. A. Mason, A. P. Malinauskas, Gas transport in porous media: the Dusty Gas Model, Elsevier, Amsterdam, 1983.

[49] C. H. Bosanquet, British T. A. Report, 1944, 507.

[50] M. Novak, K. Ehrhardt, K. Klusacek, P. Schneider, Dynamics of non-isobaric diffusion in porous catalysts, Chem. Eng. Sci., 1988, 43 (2), 185.

[51] P. Capek, A. Seidel-Morgenstern, Multicomponent mass transport in porous solids and estimation of transport parameters, Appl. Catal., A, 2001, 211, 227.

[52] P. J. A. M. Kerkhof, A modified Maxwell-Stefan model for transport through inert membranes: the binary friction model, Chem. Eng. J., 1996, 64, 319.

[53] P. J. A. M. Kerkhof, M. A. M. Geboers, K. J. Ptasinski, On the isothermal binary mass transport in a single pore, Chem. Eng. J., 2001, 83, 107.

[54] P. J. A. M. Kerkhof, M. A. M. Geboers, Toward a unified theory of isotropic molecular transport phenomena, AIChE J., 2005, 51 (1), 79.

[55] J. B. Young, B. Todd, Modelling of multi-component gas flows in capillaries and porous solids, Int. J. Heat Mass Transfer, 2005, 48, 5338.

[56] A. Seidel, P. S. Carl, The concentration dependence of surface diffusion for adsorption on energetically heterogeneous adsorbents, Chem. Eng. Sci., 1989, 44 (1), 189.

[57] A. Vignes, Diffusion in binary solutions – variation of diffusion coefficient with composition, Ind. Eng. Chem. Fundam., 1966, 5 (2), 189.

[58] R. Krishna, Multicomponent surface diffusion of adsorbed species: a description based on the generalized Maxwell-Stefan equations, Chem. Eng. Sci., 1990, 45 (7), 1779.

2.2 Poröse Gläser

Es gibt vielfältige poröse Trägermaterialien deren Oberflächen gezielt modifiziert werden können. Ausgehend von einer Klassifizierung nach der Porengröße sind sowohl geordnete wie auch ungeordnete mesoporöse Feststoffe geeignet, um die gegensätzlichen Anforderungen von hohen spezifischen Oberflächen und ausreichend Raum zur Einlagerung von Gastspezies zu erfüllen.[1] Zu diesen Klassen werden unter anderem anodische Aluminiumoxide, verschiedene Oxidgele, Kohlenstoffgele, kompaktierte Pulver und mesoporöse Gläser gezählt. Hinsichtlich der Eigenschaften und des Herstellungsprozesses nehmen poröse Gläser eine Sonderstellung in dieser Aufzählung ein.

Als poröse Gläser werden die Extraktionsprodukte von phasengetrennten Alkaliborosilikatgläsern bezeichnet, welche zu etwa 96 % aus SiO_2 bestehen und sich durch eine dreidimensional verzweigte Porenstruktur auszeichnen. Aufgrund der geschichtlichen Entwicklung werden poröse Gläser in der Literatur oft unabhängig von Zusammensetzung und Mikrostruktur als poröses VYCOR-Glas bzw. Controlled Pore Glass bezeichnet.

In dem Ende der dreißiger Jahre entwickelten VYCOR-Prozess[2] stellte das poröse Glas nur ein Zwischenprodukt dar. Dennoch wurde es aufgrund seiner besonderen Eigenschaften wie der in weiten Teilen kontrollierbaren Mikrostruktur, der hohen chemischen und mechanischen Stabilität, sowie der flexiblen Formgebung in den letzten 70 Jahren intensiv untersucht[3,4,5,6,7]. Forschungsthemen waren dabei der Herstellungsprozess der porösen Gläser[8], die Kontrolle der Porenstruktur[9], die Charakterisierung und Veränderung der Oberflächenchemie[10], sowie der Einfluss der chemischen Zusammensetzung des Ausgangsglases auf die genannten Gebiete. Anwendung finden poröse Gläser in verschiedenen Geometrien unter anderem in der Membrantechnik, der Chromatographie, der Katalyse, der Sensorik, als auch in der Wirt-Gast-Chemie.[7] Durch die intensive Charakterisierung der porösen Gläser in den letzten Jahrzehnten wird es zudem als Standardmaterial für die Evaluierung neuer Charakterisierungsmethoden genutzt.

Dieses Kapitel soll einen Überblick über die Stoffklasse der porösen Gläser bieten und die Gründe aufzeigen, die zur Wahl dieses Materials als Testsystem für die vorliegende Studie führten.

2.2.1 Herstellung und strukturelle Eigenschaften

Grundlage für die Herstellung von porösen Gläsern sind Alkaliborosilikatgläser mit einer definierten Zusammensetzung im Bereich der Borsäureanomalie[8]. Für den so genannten VYCOR-Prozess entspricht das Anteilen von 55-75 Ma.-% SiO_2, 20-35 Ma.-% B_2O_3 und 5-10 Ma.-% R_2O (wobei R = Na, K oder Li)[11]. Diese Gläser weisen abhängig von der Zusammensetzung eine Mischungslücke im Temperaturbereich von etwa 500 – 700 °C auf (Abbildung 2-4).

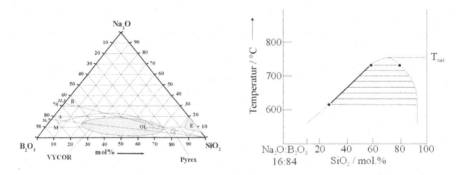

Abbildung 2-4: Zusammensetzung von Alkaliboratgläsern und Beispiel einer Mischungslücke dieser Gläser[11]

Hier findet eine Subliquidusentmischung in eine Silikatphase und eine alkaliboratreiche Phase statt. Die Entmischung verläuft dabei nach dem Spinodal-Mechanismus.[12] Dieser wurde in der Theorie von Cahn et al. beschrieben[13] und erklärt die Entmischung der Gläser im instabilen Bereich des Phasendiagramms anhand von spinodalen Entmischungswellen, deren Amplitude in Abhängigkeit von der Zeit, die das Glas im Temperaturbereich der Entmischung gehalten wird, zunimmt. Die Wellenlänge dieser Entmischungswellen wird mit 3 – 10 nm angegeben.[14] Charakteristisch für diese Art der Entmischung ist eine zusammenhängende Durchdringungsstruktur der entstehenden Phasen bereits zu Beginn der Entmischung. Yazawa et al.[15] konnten die Existenz dieser Durchdringungsstruktur anhand von verschiedenen Abkühlraten der Glasschmelze bereits in einem sehr frühen Stadium der Entmischung zeigen. Weiterhin konnten Mikroporen erzeugt werden, deren Größe weit unter der Wellenlänge der Entmischungswellen lag (Abbildung 2-5). Dies wurde mit einer minimalen Amplitude erklärt, die nötig ist, um eine zusammenhängende alkaliboratreiche Phase zu erhalten. Das heißt, zu diesem frühen Zeitpunkt der Entmischung führt nur ein kleiner Teil der Entmischungswelle zu einer tatsächlichen Phasentrennung.[15]

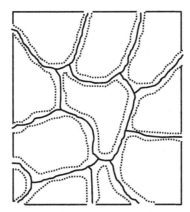

Abbildung 2-5: Schema der spinodalen Entmischung – Die gestrichelten Linien zeigen die Breite der Entmischungswellen, die durchgehenden die tatsächlichen Poren

Für eine kontrollierte Entmischung wird die hergestellte Glasschmelze möglichst schnell auf eine Temperatur unter der Mischungslücke abgekühlt um eine Entmischung in diesem Schritt weitestgehend zu vermeiden. Ziel ist die Herstellung eines Ausgangsglases mit minimaler Entmischung, um auch die Herstellung von Gläsern im mikroporösen und unteren mesoporösen Bereich zu ermöglichen. Im Anschluss daran wird dieses Ausgangsglas für einen definierten Zeitraum auf eine Temperatur innerhalb der Mischungslücke erhitzt, um einen reproduzierbaren Grad der Entmischung zu erreichen. Der Grad der entstehenden Entmischung ist abhängig von der Temperatur und der Dauer der Temperung, wobei eine kurze Temperung bei höherer Temperatur durch eine längere Temperung bei niedrigerer Temperatur ersetzt werden kann und umgekehrt. Die Abhängigkeit der Phasentrennung von der thermischen Behandlung des Ausgangsglases ist in der Literatur für verschiedene Glaszusammensetzungen beschrieben.[7, 9, 16]

Für die Erzeugung einer porösen Struktur wird anschließend die unterschiedliche Löslichkeit der entmischten Phasen in Mineralsäuren und Medien wie Wasser oder Alkoholen[7] ausgenutzt. Die alkaliboratreiche Phase kann durch eine Extraktion aus dem Glas gelöst werden, wobei die in sauren Medien weitestgehend unlösliche Silikatphase das poröse Gerüst bildet. Die Bedingungen unter denen die Extraktion der löslichen Phase durchgeführt wird, wie die Wahl des Extraktionsmittels, die Temperatur sowie die Dauer der Behandlung haben einen hohen Einfluss auf die Mikrostruktur des entstehenden porösen Glases.[11] Untersuchungen zu diesem Thema befassten sich unter anderem mit der Kinetik des Extraktionsprozesses[17], dem Einfluss der Konzentration der eingesetzten Säure[18] und der Dauer der Extraktion[19]. Die Bedeutung der Extraktion für die Porenstruktur liegt dabei neben dem Entfernen der alkaliboratreichen Phase in der partiellen Lösung und Abscheidung der silikatischen Bestandteile dieser Phase. Diese sind schwerlöslich und fallen als kolloidales Silikagel in den Poren aus. Die Auswirkungen der kolloidalen Silikate auf die Mikrostruktur der Gläser reichen dabei von einer leichten Vergrößerung der inneren Oberfläche[19] bis zur vollständigen Maskierung der primären Porenstruktur.[20, 21] Da der silikatische Anteil in der alkaliboratreichen Phase vor allem bei höheren Temperaturen stark zunimmt[11] entsteht diese Abscheidung vor allem bei der Herstellung von stärker entmischten Gläsern, also größeren Porenvolumina. Andere Faktoren, die die Abscheidung kolloidalen Silikas in den Poren beeinflussen sind die Konzentration[19] und die Zusammensetzung[22] der zur Extraktion genutzten Säure. Durch eine Nachbehandlung mit schwach konzentrierter Alkalilauge können die feindispersen Silikat-Ablagerungen herausgelöst werden. Dabei wird ausgenutzt, dass unter diesen Bedingungen die Auflösungsgeschwindigkeit dieser Spezies größer ist, als die der gerüstbildenden Silikatphase des porösen Glases.[16] Durch eine längere alkalische Extraktion kann zudem das silikatische Gerüst der porösen Gläser gelöst werden, was zu höheren Porenvolumina führt und eine postsynthetische Beeinflussung der Porenstruktur ermöglicht.[23]

Durch die beschriebenen Teilschritte können poröse Gläser reproduzierbar mit einer in weiten Teilen variablen Porenstruktur hergestellt werden. Abhängig von der Zusammensetzung des Ausgangsglases, der thermischen Behandlung und Extraktion können poröse Gläser mit Porendurchmessern im Bereich von 1 – 200 nm, Porenvolumina bis 1,4 cm^3 g^{-1} und spezifischen Oberflächen bis 500 m^2 g^{-1} erzeugt werden. Die Porengrößenverteilung poröser Gläser ist dabei relativ eng. Trotz der schwammartigen Mikrostruktur kann die Form der Poren in erster Näherung als zylindrisch beschrieben werden. Eine genauere Beschreibung der Porenstruktur poröser Gläser wurde von Gelb und Gubbins[24,25] veröffentlicht. Der schematische Arbeitsablauf zur Herstellung poröser Gläser mit unterschiedlicher Porenstruktur ist in Abbildung 2-6 dargestellt.

Eine für die Anwendung von porösen Gläsern wesentliche Eigenschaft ist, dass die äußere Form sowohl während der thermischen Behandlung als auch während der Extraktionsprozesse erhalten bleibt. Es ist daher möglich, verschiedene poröse monolithische Strukturen herzustellen, die eine weitestgehend identische Mikrostruktur aufweisen. Bisher wurden poröse Gläser in Form von Flachmembranen, Stäben, Rohren, Ringen und Kugeln beschrieben.[26] Die mechanische Stabilität der Monolithe hängt dabei stark von der Porosität des Materials ab.

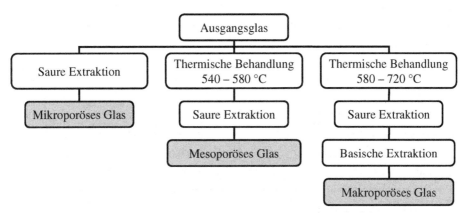

Abbildung 2-6: Schematischer Darstellung der Herstellung poröser Gläser

Eine weitere anwendungsrelevante Eigenschaft ist die chemische Stabilität der porösen Gläser in organischen und anorganischen Lösungsmitteln sowie zum Teil in sauren Medien. Die Porenstruktur zeigt zudem eine relativ hohe thermische Stabilität bis in den Temperaturbereich der Entmischung. Die Auswirkungen von thermischen und chemischen Behandlungen auf die Oberflächenchemie der porösen Gläser werden in Abschnitt 2.2.2 beschrieben.

Die gegenwärtige Forschung im Bereich der porösen Gläser widmet sich unter anderem den Auswirkungen einer veränderten chemischen Zusammensetzung des Ausgangsglases, der Synthese von Kompositen als auch der möglichen Orientierung der Poren.

Als zusätzliche Bestandteile der Glasmischung finden vor allem Aluminium-, Zirkonium- und Titanoxide Verwendung.[27] Aluminiumoxid verlangsamt die Phasenseparation der Gläser und ermöglicht so eine bessere Kontrolle dieses Prozesses.[28] Anteile von Zirkoniumdioxid behindern die Phasenseparation durch die Herabsetzung der Koordinationszahl des Bors[29], wirken sich jedoch vorteilhaft auf die Stabilität der Gläser gegenüber basischen Medien aus.[30] Titandioxid bewirkt eine photokatalytische Aktivität der hergestellten Gläser.[31] Weiterhin wurden die Beimischung von Fluoriden[9], Phosphaten und verschiedenen Halbmetallen diskutiert[11,27].

Da poröse Gläser nach der Extraktion der säurelöslichen Phase zum größten Teil aus Siliziumdioxid bestehen, können sie als Siliziumquelle für die Umsetzung zu anderen porösen Materialien wie Zeolithen dienen. Ziel bei dieser Umsetzung ist es, die bereits vorhandene Porenstruktur der porösen Gläser zu erhalten und durch die Umsetzung der unporösen Wände eine zweite Porenstruktur zu schaffen. Zudem ist es so möglich, die flexible Geometrie der Glasformkörper auf andere poröse Materialien zu übertragen. Produkte dieser Synthesen waren unter anderem Zeolith Beta[32], MFI[33] und ZSM-5[34].

Die Schaffung einer räumlichen Orientierung der ursprünglich ungeordneten Poren in porösen Gläsern ist für viele Anwendungen, in denen der Stofftransport eine wichtige Rolle spielt, vorteilhaft. Durch die Kombination von mikroskopischer Phasenseparation und makroskopischer Reckung des Glasformkörpers kann dem Porensystem poröser Gläser eine Vorzugsorientierung in Richtung der mechanischen Streckung gegeben werden. Die Auswirkungen dieses Prozesses auf die Porengrößenverteilung und mechanische Stabilität sind in der Literatur bisher jedoch noch nicht beschrieben.

2.2.2 Modifikation der Oberflächeneigenschaften

Die Oberflächeneigenschaften der porösen Gläser weisen eine große Ähnlichkeit zu denen anderer poröser Silikate auf.[11] Sie werden hauptsächlich von den Oberflächen-Silanol- und Siloxangruppen bestimmt. Die Unterschiede resultieren vor allem aus der Existenz von Boranol-Gruppen auf der Oberfläche poröser Gläser.[35] Diese sind vor allem bei hohen Temperaturen (> 500 °C) reaktiver als Silanolgruppen und werden für die höhere Azidität poröser Gläser im Vergleich zu anderen porösen Silikaten verantwortlich gemacht. Bei niedrigeren Temperaturen sind sie aber aufgrund ihrer geringen Konzentration kaum detektierbar.[11] Da bei den in dieser Studie verwendeten Bedingungen die Boranolgruppen eine untergeordnete Rolle spielen sollten, wird dieser Abschnitt ausschließlich die Charakterisierung und Verwendung der Silanolgruppen beschreiben.

Silanolgruppen treten isoliert voneinander, vicinal (über Wasserstoffbrücken verbunden) oder geminal zueinander auf. Sie sind in Abbildung 2-7 dargestellt. Isolierte Silanolgruppen sind zu weit voneinander entfernt, um Wasserstoffbrückenbindungen eingehen zu können, geminale Silanolgruppen sind einander zu nah. Isolierte Silanolgruppen sind reaktiver als die anderen Arten und stellen starke Adsorptionszentren dar.[36] Die Hypothese, dass vicinale Silanolgruppen aufgrund der Wasserstoffbrückenbindung stärker azide sind, ist für die Oberfläche poröser Gläser nicht zutreffend.[37] Das Verhältnis der einzelnen Arten von Silanolgruppen zueinander hängt stark von der chemischen Vorbehandlung und der Temperatur ab.[38]

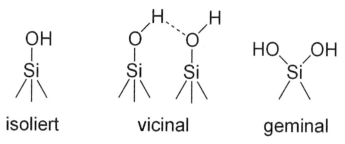

Abbildung 2-7: Arten der Hydroxylgruppen auf der Oberfläche poröser Gläser

Die Konzentration der Silanolgruppen auf der Oberfläche der porösen Gläser wird durch die Hydroxylgruppen-Dichte charakterisiert. Sie ist ein Maß für Oberflächeneigenschaften wie Benetzbarkeit, Hydrophobie bzw. Hydrophilie, Reaktivität und die Adsorptionseigenschaften.

Die maximale Gesamtzahl der Hydroxylgruppen auf der Oberfläche poröser Silikate wurde von Zhuravlev[39] als Naturkonstante mit 4,6 bzw. 4,9 Hydroxylgruppen pro nm² angegeben. Nach Zhuravlev sind gefundene Dichten oberhalb dieser maximalen Belegung auf „interne Hydroxylgruppen" zurückzuführen, dass heißt auf Hydroxylgruppen an nicht zugänglichen inneren Oberflächen (z.B. inneren Hohlräumen). Für poröse Gläser werden Hydroxylgruppendichten von 4 – 10 Hydroxylgruppen pro nm² gemessen. Die Entstehung interner Hydroxylgruppen ist jedoch auf Grund des Herstellungsprozesses poröser Gläser sehr unwahrscheinlich. Gründe für die erhöhte Hydroxylgruppendichte poröser Gläser können zusätzlich vorhandene Boranolgruppen[11], eine erhöhte Anzahl geminaler Silanolgruppen oder die Entstehung von Spezies mit 3 Hydroxylgruppen pro Silizium-Atom[40] durch die saure bzw. alkalische Extraktion sein.

2.2.2.1 Thermische Behandlung

Da die Anzahl und Art der Hydroxylgruppen für die Eigenschaften der Oberfläche poröser Gläser wesentlich ist, zielen viele Arten der Oberflächenmodifikation darauf ab, die Hydroxylgruppen zu maskieren, umzusetzen oder zu eliminieren. Eine grundlegende Art der Modifikation ist die Reduzierung der Hydroxylgruppendichte mittels thermischer Behandlung.

Bei Raumtemperatur ist die Oberfläche nahezu vollständig mit vicinalen Hydroxylgruppen sowie mit physisorbiertem Wasser bedeckt.[38] Eine Erhöhung der Temperatur führt zunächst zu einer Dehydrierung der Oberfläche, das heißt zur Verdunstung des physisorbierten Wassers. Dieser Prozess ist abhängig von der

Porenstruktur des Materials und ist bei etwa 120 – 180 °C abgeschlossen. Bei einer weiteren Erhöhung der Temperatur setzt die Dehydroxylierung der Hydroxylgruppen ein. Die Hydroxylgruppen auf der Oberfläche kondensieren zu Siloxangruppen und Wasser wird freigesetzt. Im Temperaturbereich bis etwa 400 °C kondensieren hauptsächlich die vicinalen Silanolgruppen, da diese sich bereits in Wechselwirkungen zu einander befinden. Die Konzentration der isolierten Silanolgruppen steigt in diesem Bereich stark an und erreicht ein Maximum bei etwa 400 °C.[39] Im weiteren Verlauf sinkt die Konzentration isolierter und geminaler Hydroxylgruppen stetig. Bei etwa 900 °C sind geminale Silanolgruppen vollständig kondensiert. Bei 1200 °C kann das Material als vollständig dehydroxyliert angesehen werden.[41] Die Oberfläche ist dann ausschließlich durch Siloxangruppen charakterisiert. Die Temperaturabhängigkeit der verschiedenen Hydroxylgruppen ist schematisch in Abbildung 2-8 dargestellt. Die Kondensationsprozesse bis etwa 900 °C sind durch Rehydroxylierung reversibel.[39]

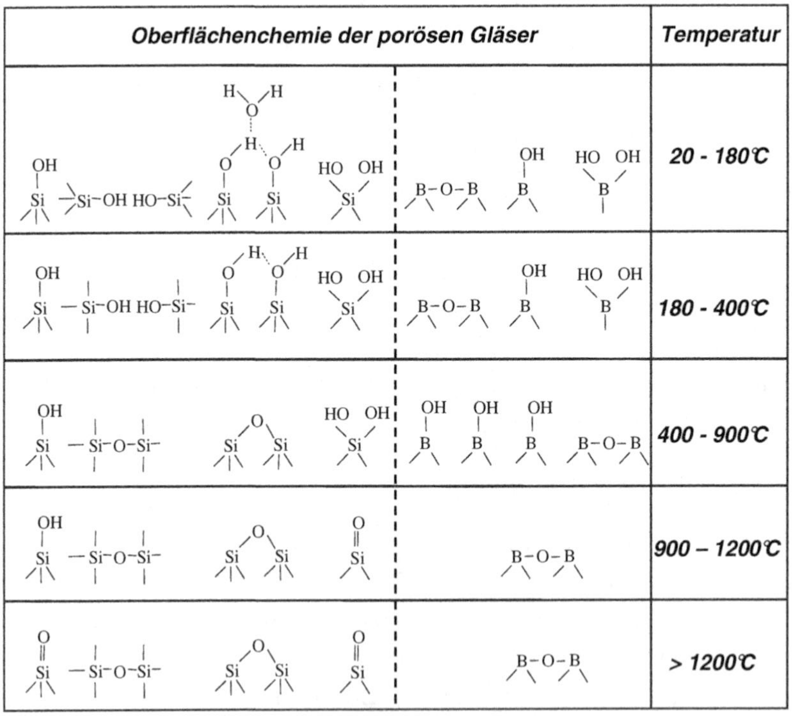

Abbildung 2-8: Temperaturabhängigkeit der Hydroxylgruppen auf der Oberfläche poröser Gläser [8, 39]

Die dehydroxylierte Oberfläche zeigt stark veränderte Eigenschaften. Da die polaren Adsorptionszentren entfernt wurden, weist die dehydroxylierte Oberfläche hydrophobe Eigenschaften auf.[42,43] Neben der Veränderung der Oberflächenchemie sind auch Auswirkungen auf die Porenstruktur beschrieben.[11] Durch die Kondensation der Hydroxylgruppen kommt es zur Bildung neuer Si-O-Si-Brücken und damit zum Schrumpfen der Porenstruktur. Des Weiteren finden Sinter-Prozesse statt, die bei hohen Temperaturen zum Kollaps der Mikrostruktur führen. Die thermische Behandlung ist eine einfach auszuführende Oberflächenmodifikation mit vergleichsweise geringer Wirkung sowie potentiell hohen Auswirkungen auf die Porenstruktur.

2.2.2.2 Modifikation mit siliziumorganischen Verbindungen

Die am häufigsten angewandte Art der Oberflächenmodifikation ist die chemische Umsetzung der Oberflächenhydroxylgruppen. In der Literatur ist eine Vielzahl von Reagenzien beschrieben, die genutzt werden können um die Oberflächenchemie poröser Materialien zu verändern. Dabei können die Hydroxylgruppen auf der Oberfläche direkt durch eine funktionelle Gruppe ersetzt werden, z.B. durch eine Aminierung[44] oder Halogenierung[45] der Oberfläche, oder zur chemischen Bindung anderer Komponenten genutzt werden. Umgesetzt wurden unter anderem Bor-, Titan-, Aluminium-, und Silizium-Komponenten.[38] Im Folgenden soll ein Überblick über die Oberflächenmodifikation mit siliziumorganischen Verbindungen gegeben werden.

Verwendung finden bifunktionelle siliziumorganische Verbindungen hauptsächlich in Form von Chlor- oder Alkoxysilanen sowie als Disilazane. Die Reaktion dieser Komponenten mit den Hydroxylgruppen auf der Oberfläche poröser Silikate wurde in der Literatur eingehend untersucht. Die Bildung einer kovalenten Bindung zwischen der eingesetzten siliziumorganischen Verbindung und der Oberfläche hängt dabei vor allem von der Art der Substituenten (Chlor- oder Alkoxy-), dem Lösungsmittel, dem Vorhandensein von adsorbierten Wasser auf der Oberfläche, als auch von der Temperatur ab.[46,47] Die allgemeine Bruttoreaktionsgleichung lautet:

$$\equiv\text{Si-OH} + X_3\text{SiR} \rightarrow \equiv\text{Si-O-SiX}_2\text{R} + \text{HX} \qquad (2\text{-}41)$$

Hierbei stellt X den Substituenten und R die organische funktionelle Gruppe dar. In Abwesenheit eines Katalysators besteht der erste Reaktionsschritt in der Hydrolyse des Silans durch das Lösungsmittel oder durch adsorbiertes Wasser an der Oberfläche des Trägers.[38,48] Das entstandene Silanol wird auf der Oberfläche des Trägers adsorbiert, reagiert jedoch abhängig von der Reaktivität des Substituenten nicht oder erst bei erhöhter Temperatur mit den Oberflächensilanolgruppen des Trägers.[49] Stattdessen findet eine Polymerisation der Silanole statt. Die gebildeten Polymere werden ebenfalls auf der Oberfläche adsorbiert, ohne eine kovalente Bindung mit den Oberflächensilanolgruppen einzugehen.

Eine kovalente Bindung an die Oberfläche und damit eine höhere Stabilität der modifizierten Oberfläche kann unter milden Bedingungen durch eine basische Katalyse erreicht werden. Die Base (z.B. Triethylamin) adsorbiert über eine Wasserstoffbrückenbindung an den Oberflächensilanolgruppen des Trägers und erhöht so die Nukleophilie dieser Silanolgruppe. Die Wahrscheinlichkeit für einen nukleophilen Angriff wird damit erhöht.[50] In einem zweiten Reaktionsschritt reagiert das eingesetzte Silan mit der Oberflächensilanolgruppe und bildet eine kovalente Si-O-Si-Bindung aus.[50,51] Dieser Mechanismus ist unabhängig von einer vorherigen Hydrolyse des Silans und kann in wasserfreier Umgebung durchgeführt werden. Der Mechanismus ist in Abbildung 2-9 dargestellt. Ein Nachteil der katalysierten Immobilisierung ist die Polymerisation der funktionellen Silane bei Spuren von Wasser im Lösungsmittel oder an der Oberfläche des Trägers. Diese kann durch das Arbeiten in wasserfreier Umgebung, einer stufenweisen Zugabe von Katalysator und Silan zum Träger[52] und der Verwendung von Monoalkoxy- bzw. Monochlorosilanen unterbunden werden. Zusätzlich wird nach der Reaktion eine thermische Behandlung der modifizierten Oberfläche bei 80 – 200 °C durchgeführt, um adsorbierte, aber ungebundene Silane zu entfernen, sowie die kovalenten Bindungen zu festigen.[53]

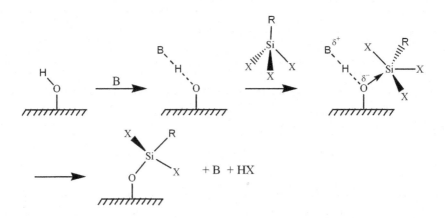

Abbildung 2-9: Reaktionsmechanismus der basisch katalysierten Immobilisierung siliziumorganischer Verbindungen auf der Oberfläche eines Trägers (B = basischer Katalysator, X = Substituent, R = organische funktionelle Gruppe)

Aminoorganosilane, wie das oft verwendete γ-Aminopropyltriethoxysilan (APTS), tragen bereits eine für die Immobilisierung katalytisch wirkende Amin-

Gruppe. Diese wirkt autokatalytisch, so dass für eine Modifizierung keine zusätzlichen Katalysatoren nötig sind.[54,55] Auch Aminoorganosilane polymerisieren in Gegenwart von Wasser und bilden dann Schichten mit einer Dicke von 5 – 20 nm auf der Oberfläche des Trägers.[38]

Da die Silane über die Hydroxylgruppen auf der Oberfläche gebunden werden, liegt die maximale Oberflächenkonzentration für eine einzelne gebundene Schicht, abhängig von der Anzahl der austauschbaren Substituenten des verwendeten Silans[56], bei 2 – 4 Silan-Molekülen pro nm².[54,57] Höhere gemessene Konzentrationen werden auf mehrschichtige Adsorption und Polymerisation zurückgeführt.[6] Weitere Faktoren, die die Oberflächenkonzentration beeinflussen können, sind die Interaktionen der eingeführten funktionellen Gruppe mit benachbarten Hydroxylgruppen und sterische Effekte in mikroporösen Porenstrukturen.[58]

Neben der Reaktion in Lösungsmitteln ist zudem eine Reaktion aus der Gasphase möglich. Hierbei wird das Silan verdampft[59] oder durch einen Trägergasstrom mit der Oberfläche in Kontakt gebracht.[60] Die aufgebrachte Schichtdicke kann durch das abwechselnde Zudosieren von Silan und zusätzlichen Reaktanden in einem Kreislaufprozess gesteuert werden.

Die Modifikation durch die kovalente Bindung von siliziumorganischen Verbindungen führt zu funktionalisierten Oberflächen, die sehr stabil gegenüber Lösungsmitteln und Temperaturen sind. Durch die Vielzahl von möglichen funktionellen Gruppen (z.B. Alkyl-, Amin-, Mercapto- oder Epoxid-Gruppen), sowie der Möglichkeit der weiteren Umsetzung dieser Gruppen (vgl. 2.2.3), eignet sich die Modifikation der Oberfläche mit siliziumorganischen Verbindungen auch um spezifische Wechselwirkungen wie Enantioselektivität zu erzeugen. Die Auswirkungen dieser Modifikationen auf die Porenstruktur sind abhängig von der eingeführten Kettenlänge und von der Oberflächenkonzentration der immobilisierten Silane. Eine Polymerisation des eingeführten Silans kann aufgrund der Adsorption mehrerer Schichten eine mikroporöse Porenstruktur vollständig maskieren.

2.2.2.3 Weitere Arten der Oberflächenmodifikation

Neben der Eliminierung und chemischen Umsetzung der Oberflächenhydroxylgruppen ist die direkte Imprägnierung der Oberfläche mit einer funktionellen Komponente eine weitere Möglichkeit der

Oberflächenmodifikation. Da die Oberflächenchemie des Trägers bei dieser Behandlung meist eine untergeordnete Rolle spielt, können die verschiedenen Methoden von anderen Systemen übernommen werden.

Eine in der Literatur oft verwendete Methode ist das Beschichten der Oberfläche eines porösen Materials mittels „Chemical Vapour Deposition".[61] Hierbei wird eine Mischung reaktiver Gase (u.a. Metall-Halogenide oder –Hydride) auf der erhitzten Oberfläche des zu beschichtenden Materials zersetzt. Der Reaktionsmechanismus besteht, abhängig von der Art des Substrats und Precursors, aus einer Vielzahl möglicher Reaktionen. Die aufgetragene Schichtdicke kann durch die Dauer bzw. Anzahl der Beschichtungen kontrolliert werden. Nachteile sind die Inhomogenität aufgetragener Schichten und die fehlende Bindung zwischen Substrat und Beschichtung. Die Porenstruktur wird bei einer Beschichtung zwangsweise stark beeinflusst.[62]

Die Imprägnierung der Oberfläche mit einer Lösung einer Aktivkomponente, z.B. um katalytisch aktive Zentren einzubauen, ist eine weitere Möglichkeit der Oberflächenmodifikation. Hierbei wird die Modifikation durch eine Gleichgewichtsadsorption eines Metallsalzes und eine anschließende thermische Behandlung erreicht.[21, 63]

Die Schaffung neuer azider Zentren auf der nur schwach aziden Oberfläche poröser Gläser kann durch eine Aufbringung von Aluminium auf die Oberfläche erreicht werden.[64] Dazu kann das phasenseparierte Glas mit einer Aluminiumsalz-Lösung extrahiert werden.[20] Die Aluminium-Spezies werden dabei fest in die Oberfläche eingebaut und bilden neue Brönsted-Zentren.

2.2.3   Verwendung

Aufgrund der aufwendigen Herstellung finden poröse Gläser vor allem als Modellsysteme oder in hoch spezialisierten Prozessen Anwendung. Die Anwendungsbereiche sind dabei breit gefächert und beruhen auf den beschriebenen vorteilhaften Eigenschaften wie der geometrischen und mikrostrukturellen Variabilität, sowie der anpassbaren Oberflächenchemie.

In Form von Flach- oder Rohrmembranen werden poröse Gläser für Studien zur Gasdiffusion und Gastrennung in mikro- und mesoporösen Medien eingesetzt.[65,66] Der Fokus der Untersuchungen liegt dabei auf dem Einfluss der Porenstruktur und der Oberflächeneigenschaften auf den Stofftransport.[67]

Weiterhin wurden die Effekte verschiedener Modifikationen der Oberflächenchemie auf das Adsorptions- und Transportverhalten der Glasmembranen untersucht.[68] Zudem finden Glasmembranen Verwendung in Studien zum Transport von Dämpfen[69] und als Träger von Flüssigmembranen[70]. Da poröse Glasmembranen in der Literatur sehr gut untersucht sind, werden sie als Modellsystem verwendet und ermöglichen so eine gute Vergleichbarkeit der einzelnen Ergebnisse untereinander.

Oberflächenmodifizierte poröse Gläser können als Träger für verschiedene Immobilisate genutzt werden. Immobilisate wie Saccharide, Aminosäuren oder Enzyme können kovalent an modifizierte Oberflächen mit Amino-, Mercapto-, Isocyanat- oder Epoxygruppen gebunden werden. Die Aktivität der eingebrachten Moleküle bleibt dabei weitestgehend erhalten. Zudem erreicht man eine erhöhte Stabilität gegen Lösungsmittel und eine leichtere Handhabbarkeit. Ein Vorteil poröser Gläser ist, dass sich die Größe des Porensystems an das Gastmolekül anpassen lässt. Abhängig von der Art des Immobilisates können solche Materialien in der Sensorik[71,72], der Chromatographie[73] und in der Festphasenbiochemie[74,75] eingesetzt werden.

Weitere Verwendung finden poröse Gläser unter anderem in der Katalyse, Adsorption, als Ionentauscher, sowie als Wirtsysteme in der Wirt-Gast-Chemie.[11]

2.2.4 Fazit

Durch die Kombination verschiedener vorteilhafter Eigenschaften sind poröse Gläser in besonderem Maße für die Verwendung als Modellsystem in der vorliegenden Arbeit geeignet.

Die Möglichkeit der Kontrolle der Mikrostruktur ist von hoher Bedeutung für die Modifikation der Oberflächeneigenschaften, da die Einführung funktioneller Gruppen zwangsläufig auch die Porenstruktur beeinflusst. Dieser oft ungewollten Verengung der Poren kann durch die Synthese eines entsprechend größeren Porendurchmessers entgegengewirkt werden. So lässt sich die Porenstruktur poröser Gläser auch an größere Immobilisate wie Enzyme und an verschiedene Anforderungen bezüglich Stofftransport oder Erreichbarkeit des Immobilisates anpassen. Die Eigenschaften der Mikrostruktur poröser Gläser sind zudem sehr gut charakterisiert, so dass Änderungen sicher auf die Modifikation durch eingeführte Modifikationen zurückgeführt werden können.

Die Oberflächenchemie poröser Gläser ist ebenfalls gut charakterisiert und eignet sich aufgrund der Reaktivität der Hydroxylgruppen und der Stabilität in organischen Lösungsmitteln für eine Modifikation mit siliziumorganischen Verbindungen. Zudem ist die spezifische Oberfläche abhängig vom Porendurchmesser sehr hoch.

Die flexible Formgebung ermöglicht den Einsatz dieses Materials in verschiedenen Anwendungsgebieten. Die Eigenschaften der Mikrostruktur und Oberflächenchemie sind von der makroskopischen Form weitestgehend unabhängig. So können Methoden und Ergebnisse auf andere Geometrien übertragen werden.

Im folgenden Kapitel sollen die beiden für diese Studie ausgewählten Trennprobleme sowie die auf der Veränderung der Oberflächenchemie der porösen Gläser beruhenden, spezifischen Lösungsansätze vorgestellt werden.

[1] F. Schüth, Poröse Materialien im Überblick, Chem. Ing. Tech., 2010, 82 (6), 769.

[2] H.P. Hood, M.E. Nordberg, Treated borosilicate glass, 1938, US 2106744.

[3] O. S. Molchanova, A field of anomalous glasses in the system Na_2O-SiO_2-B_2O_3, Steklo i Keramika, 1957, 14 (5), 5.

[4] M. J. D. Low, N. Ramasubramanian, The dehydration of porous glass, J. Phys. Chem., 1967, 71 (3), 730.

[5] W. Vogel, Phase separation in glass, J. Non-Cryst. Solids, 1977, 25, 172.

[6] F. Janowski, G. Fischer, W. Urbaniak, Z. Foltynowicz, B. Marciniec, Aminopropylsilane treatment for the surface of porous glasses suitable for enzyme immobilisation, J. Chem. Tech. Biotechnol., 1991, 51, 263.

[7] D. Enke, F. Janowski, W. Schwieger, Porous glasses in the 21st century – a short review, Microporous Mesoporous Mater., 2003, 60, 19.

[8] F. Janowski, W. Heyer, Poröse Gläser, Herstellung, Eigenschaften und Anwendung, Deutscher Verlag für Grundstoffindustrie, Leipzig, 1982.

[9] H. Kawamura, N. Takusagawa, S. Taruta, K. Kitajima, Occurence of bimodal pore structure and leaching process in the preparation of porous glass from fluorine containing sodium borosilicate glass, J. Ceram. Soc. Jpn., 1996, 104 (3), 179.

[10] K. Albert, B. Pfleiderer, E. Bayer, R. Schnabel, Characterization of chemically modified glass surfaces by ^{13}C and ^{29}Si CP/MAS NMR spectroscopy, J. Colloid Interface Sci., 1991, 142 (1), 35.

[11] F. Janowski, D. Enke in: Handbook of Porous Solids, Vol. 3, Wiley-VCH, Weinheim, 2002.

[12] E. P. Favvas, A. C. Mitropoulos, What is spinodal decomposition?, J. Eng. Sci. Technol. Rev., 2008, 1, 25.

[13] J. W. Cahn, R. J. Charles, Initial stages of phase separation in glasses, J. Phys. Chem. Glasses, 1965, 6, 181.

[14] W.-F. Du, K. Kuraoka, T. Yazawa, Characterization of pores arising from spinodal phase separation in quenched sodium borosilicate glasses, J. Mater. Chem., 1999, 9, 2723.

[15] T. Yazawa, K. Kuraoka, W.-F. Du, Effect of cooling rate on pore distribution in quenched sodium borosilicate glasses, J. Phys., Chem., 1999, 103, 9841.

[16] M. V. Lyubavin, T. M. Burkat, V. N. Pak, Fabrication of silica membranes with controlled pore structure, Inorg. Mater., 2008, 44 (2), 203.

[17] V. A. Sirenek, T. V. Antropova, Calculation of the leaching kinetics of sodium borosilicate glasses in aqueous solutions of acids, Glass Phys. Chem., 2006, 32 (6), 612.

[18] V. A. Kreisberg, V. P. Rakcheev, T. V. Antropova, Influence of the acid concentration on the morphology of micropores and mesopores in porous glasses, Glass Phys. Chem., 2006, 32 (6), 615.

[19] G. Toquer, C. Delchet, M. Nemec, A. Grandjean, Effect of leaching concentration and time on the morphology of pores in porous glasses, J. Non-Cryst. Solids, 2011, 357, 1552.

[20] D. Enke, K. Otto, J. Janowski, W. Heyer, W. Schwieger, W. Gille, Two-phase porous silica: mesopores inside controlled pore glasses, J. Mater. Sci., 2001, 36, 2349.

[21] D. Enke, D. Stoltenberg, H. Preising, J. Kullmann, T. Hahn, Transport in SiO_2-catalyst supports: a contribution to process intensification, in: Proceedings of the 8th International Symposium of the Characterization of Porous Solids, Edinburgh, Scotland, 10.-13.06.2008, 318, 311.

[22] T. A. Tsyganova, T. V. Antropova, O. V. Rakhimova, T. G. Kostryreva, Specific features of the formation of a porous structure in products of leaching of two-phase sodium borosilicate glasses in acid-salt solutions, Glass Phys. Chem., 2007, 33 (2), 122.

[23] B. Bilinski, A. L. Dawidowicz, Investigation of porous structure and surface properties of controlled porosity glasses, Colloids Surf., A, 1996, 118, 149.

[24] L. D. Gelb, K. E. Gubbins, Characterization of porous glasses: simulation models, adsorption isotherms, and the Brunauer-Emmett-Teller analysis method, Langmuir, 1998, 14, 2097.

[25] L. D. Gelb, K. E. Gubbins, Pore size distributions in porous glasses: a computer simulation study, Langmuir, 1999, 15, 305.

[26] D. Stoltenberg, A. Seidel-Morgenstern, D. Enke, Mesoporous glass membranes as model systems to study gas diffusion through porous media, Chem. Eng. Technol., 2011, 34 (5), 831.

[27] S. Morimoto, Porous glass: preparation and properties, Key Eng. Mater., 1996, 115, 147.

[28] T. Takahashi, C. Go-Fua, Y. Ogura, T. Kai, Effect of alumina content on surface area and micropore distribution of porous glass prepared from borosilicate glass, Can. J. Chem. Eng., 1992, 70, 604.

[29] W.-F. Du, K. Kuraoka, T. Akai, T. Yazawa, Effect of additive ZrO_2 on spinodal phase separation and pore distribution of borosilicate glasses, J. Phys. Chem. B, 2001, 105, 11949.

[30] T. Yazawa, H. Tanaka, K. Eguchi, S. Yokoyama, Novel alkali-resistant porous glass prepared from a mother glass based on the SiO_2-B_2O_3-RO-ZrO_2 (R=Mg, Ca, Sr, Ba and Zn) system, J. Mater. Sci, 1994, 29, 3433.

[31] T. Yazawa, F. Machida, K. Oki, A. Mineshige, M. Kobune, Novel TiO_2 glass-ceramics with highly photocatalytic ability, Ceram. Int., 2009, 35, 1693.

[32] T. Selvam, G. T. P. Mabande, M. Koestner, F. Scheffler, W. Schwieger, Hydrothermal transformation of porous glass beads into porous glass beads containing zeolite beta (bea), Stud. Surf. Sci. Catal., 2004, 154A, 598.

[33] F. Scheffler, W. Schwieger, D. Freude, H. Liu, W. Heyer, F. Janowski, Transformation of porous glass beads into mfi-type containing beads, Microporous Mesoporous Mater., 2002, 55, 181.

[34] M. Rauscher, T. Selvam, W. Schwieger, D. Freude, Hydrothermal transformation of porous glass granules into zsm-5 granules, Microporous Mesoporous Mater., 2004, 75, 195.

[35] M. J. D. Low, N. Ramasubramanian, The role of surface boron as adsorption center for the sorption of water by porous glass, J. Phys. Chem., 1967, 71 (9), 3077.

[36] M. Mauss, H. Engelhardt, Thermal treatment of silica and its influence on chromatographic selectivity, J. Chromatogr., 1986, 371, 235.

[37] J. Nawrocki, The silanol group and its role in liquid chromatography, J. Chromatogr. A, 1997, 779, 29.

[38] E. F. Vansant, P. Van Der Voort, K. C. Vrancken, Characterization and chemical modification of the silica surface, Elsevier Science B. V., Amsterdam, 1995.

[39] L. T. Zhuravlev, The surface chemistry of amorphous silica. Zhuravlev model, Colloids Surf., A, 2000, 173, 1.

[40] L. Erkelens, B.G. Linsen, Quantitative determination of hydroxyl groups and water for silica, J. Colloid Interface Sci., 1969, 29, 464.

[41] S. Ek, A. Root, M. Peussa, L. Niinistö, Determination of the hydroxyl group content in silica by thermogravimetry and a comparison with ^{1}H MAS NMR results, Thermochim. Acta, 2001, 379, 201.

[42] M. Rückriem, A. Inayat, D. Enke, R. Gläser, W.-D. Einicke, R. Rockmann, Inverse gas chromatography for determining the dispersive surface energy of porous silica, Colloids Surf. A, 2010, 357 (1-3) 21.

[43] D. Stoltenberg, Charakterisierung nanoporöser Glasmembranen mittels Permeations-untersuchungen und Wicke-Kallenbach-Zelle, Diplomarbeit, Halle (Saale), 2008.

[44] R. Wusirika, Reaction of ammonia with fumed silica, J. Am. Ceram. Soc., 1990, 73, 2926.

[45] M. P. McDaniel, Surface halides of silica. 1. Choride, 2. Bromide and Iodide, J. Phys. Chem., 1981, 85, 537.

[46] P. Silberzan, L. Leger, D. Ausserre, J. J. Benattar, Silanation of silica surfaces. A new method of constructing pure or mixed monolayers, Langmuir, 1991, 7, 1647.

[47] L. D. White, C. P. Tripp, A low-frequency infrared study of the reaction of methoxymethylsilanes with silica, J. Colloid Interface Sci., 2000, 224, 417.

[48] C. P. Tripp, M. L. Hair, An infrared study of the reaction of Octadecyltrichlorsilane with silica, Langmuir, 1992, 8, 1120.

[49] C. P. Tripp, M. L. Hair, Reaction of alkylchlorosilanes with silica at the solid/gas and solid/liquid interface, Langmuir, 1992, 8, 1961.

[50] J. P. Blitz, R. S. Shreedhara Murty, D. E. Leyden, The role of amine structure on catalytic activity for silylation reactions with Cab-O-Sil, J. Colloid Interface Sci., 1988, 126 (2), 387.

[51] L. D. White, C. P. Tripp, An infrared study of the amine-catalyzed reaction of methoxymethylsilanes with silica, J. Colloid Interface Sci., 2000, 227, 237.

[52] C. P. Tripp, M. L. Hair, Chemical attachment of chlorosilanes to silica: a two-step amine-promoted reaction, J. Phys. Chem., 1993, 97, 5693.

[53] T. G. Waddell, D. E. Leyden, M. T. DeBello, The nature of organosilane to silica-surface bonding, J. Am. Chem. Soc., 1981, 103, 5303.

[54] K. M. R. Kallury, P. M. MacDonald, M. Thompson, Effect of surface water and base catalysis on the silanization of silica by (Aminopropyl)alkoxysilanes

studied by X-ray photoelectron spectroscopy and ^{13}C cross-polarization/magic angle spinning nuclear magnetic resonance, Langmuir, 1994, 10, 492.

[55] K. C. Vrancken, K. Possemiers, P. Van Der Voort, E. F. Vansant, Surface modification of silica gels with aminoorganosilanes, Colloids Surf. A, 1995, 98, 235.

[56] P. Van Der Voort, E. F. Vansant, Silylation of the silica surface – a review, J. Liq. Chrom. & Rel. Technol., 1996, 19 (17 & 18), 2723.

[57] S. M. Kanan, W. T. Y. Tze, C. P. Tripp, Method to double the surface concentration and control the orientation of adsorbed (3-Aminopropyl)dimethylethoxysilane on silica powders and glass slides, Langmuir, 2002, 18, 6623.

[58] K. C. Vrancken, P. Van Der Voort, K. Possemiers, E. F. Vansant, Surface and structural properties of silica gel in the modification with γ-Aminopropyltriethoxysilane, J. Colloid Interface Sci., 1995, 174, 86.

[59] S. Ek, E. I. Iiskola, L. Niiniströ, Gas-Phase deposition of aminopropylalkoxysilanes on porous silica, Langmuir, 2003, 19, 3461.

[60] A. I. Labropoulos, G. E. Romanos, N. Kakizis, G. I. Pilatos, E. P. Favvas, N. K. Kanellopoulos, Investigating the evolution of N_2 transport mechanism during the cyclic CVD post-treatment of silica membranes, Microporous Mesoporous Mater., 2008, 110 (1) 11.

[61] P. Serp, P. Kalck, R. Feurer, Chemical Vapor Deposition methods for the controlled preparation of supported catalytic materials, Chem. Rev., 2002, 102, 3085.

[62] S. Nakao, T. Suzuki, T. Sugawara, T. Tsuru, S. Kimura, Preparation of microporous membranes by TEOS/O_3 CVD in the opposing reactants geometry, Microporous Mesoporous Mater., 2000, 37, 145.

[63] T. Yazawa, H. Tanaka, Permeation characteristics of carbon dioxide through surface – modified porous glass membrane, Ceram. Trans., 1993, 31, 213.

[64] F. Janowski, D. Schubert, F. Wolf, Microporous glasses with acidic sites, React. Kinet. Catal. Lett., 1983, 22 (1-2), 19.

[65] A. Tuchlenski, P. Uchytil, A. Seidel-Morgenstern, An experimental study of combined gas phase and surface diffusion in porous glass, J. Membr. Sci., 1998, 140, 165.

[66] A. Markovic, E.-U. Schlünder, A. Seidel-Morgenstern, Measurement of surface diffusivities in mesoporous Vycor glass membranes using a modified Wicke-Kallenbach cell with variable cell volume, Int. J. Heat Mass Transfer, 2010, 53, 384.

[67] A. Markovic, D. Stoltenberg, D. Enke, E.-U. Schlünder, A. Seidel-Morgenstern, Gas permeation through porous glass membranes Part I. Mesoporous glasses – effect of pore diameter and surface properties, J. Membr. Sci., 2009, 336, 17.

[68] K. Kuraoka, Y. Chujo, T. Yazawa, Hydrocarbon separation via porous glass membranes surface-modified using organosilane compounds, J. Membr. Sci., 2001, 182, 139.

[69] P. Uchytil, R. Petrickovic, A. Seidel-Morgenstern, Transport of butane in a porous Vycor glass membrane in the region of condensation pressure, J. Membr. Sci., 2007, 293 (1-2), 15.

[70] M. Matsumoto, H. Yabushita, M Mikami, K. Kondo, Application of inorganic membrane to separation of benzene and cyclohexane with supported liquid membranes using ionic liquids, K. Ion Exch., 2007, 18 (4), 406.

[71] Y. Ando, S. Iino, K. Yamada, K. Umezawa, N. Iwasawa, D. Citterio, K. Suzuki, A ratiometric fluorescent pH glass optode based on a boron-dipyrromethene derivative, Sens. Actuators B, 2007, 121, 74.

[72] D. Enke, K. Hobritz, F. Janowski, W. Fichtner, M. Berthold, H. Kaden in: 9. Dresdner Sensor-Symposium, Dresden, 07. – 09.12.2007, 235.

[73] M. E. Howard, J. A. Holcombe, Model for nonequilibrium binding and affinity chromatography: charaterization of 8-Hydroxquinoline immobilized on controlled pore glass using a flow injection system with a packed microcolumn, Anal. Chem., 2000, 72, 3927.

[74] J. Rogalski, J. Szczodrak, G. Glowiak, M. Pleszczynska, Z. Szczodrak, A. Wiater, Purification and Immobilization of Dextranase, Acta Biotechnol., 1998, 18, 63.

[75] S. Peyrottes, B. Mestre, F. Burlina, M. J. Gait, The synthesis of peptide-oligonucleotide conjugates by a fragment coupling approach, Tetrahedron, 1998, 54, 12513.

3   Übersicht der gewählten Modellsysteme

Zur Bestimmung des Potenzials oberflächenmodifizierter poröser Gläser in der Trenntechnik wurden zwei schwierige Trennprobleme von Gasmischungen ähnlicher Gase als Modellsysteme gewählt.

Das erste Modellsystem ist die Trennung zweier Gase gleichen Molekulargewichtes durch eine poröse Membran. Aufgrund des gleichen Molekulargewichts und der ähnlichen Größe der Gase können Trenneffekte nahezu ausschließlich der Oberflächenchemie zugeschrieben werden. Eine Modifikation der Oberflächenchemie der Glasmembranen ist daher eine attraktive Möglichkeit, um den Stofftransport dieses Gemisches zu beeinflussen.

Als zweites Modellsystem wurde die äußerst komplizierte Trennung eines racemischen Gemisches zweier gasförmiger Enantiomere gewählt. Da die Trennung mittels chiraler Membranen bisher nur für flüssige Systeme erfolgreich angewandt werden konnte[1], wurde die Möglichkeit einer gaschromatographischen Trennung vorgezogen. Als relevantes System wurden enantiomere Anästhetika identifiziert.

3.1   Membrangestützte Trennung zweier Gase gleichen Molekulargewichtes (Modellsystem 1)

Der Stofftransport in mesoporösen Medien kann abhängig von der mittleren Porengröße mit einer Kombination aus Knudsen-Diffusion, viskosem Fluss und im Falle von adsorbierbaren Gasen der Oberflächendiffusion beschrieben werden.[2] Der maximal erreichbare Trennfaktor zweier Gase ist daher durch die Unterschiede im Molekulargewicht der Gase und in der Adsorption auf der Oberfläche des Membranmaterials bestimmt.[3] Gase gleichen Molekulargewichtes sind demnach durch den Mechanismus der Knudsen-Diffusion in der Gasphase nicht trennbar. Unterschiede im Stofftransport zweier Gase gleichen Molekulargewichtes sind nahezu direkt auf unterschiedliche Wechselwirkungen mit der Oberfläche des Membranmaterials zurückzuführen.

Als geeignetes Modellsystem wurde die Trennung von Kohlenstoffdioxid und Propan gewählt. Diese Stoffe besitzen ähnliche, den Stofftransport in der Gasphase betreffende Eigenschaften, unterscheiden sich aber in den Wechselwirkungen mit anderen Stoffen (siehe Tabelle 3-1).

© Springer Fachmedien Wiesbaden GmbH, ein Teil von Springer Nature 2013
D. Stoltenberg, *Oberflächenmodifikation von porösen Gläsern zur Trennung von Gemischen ähnlicher Gase durch Membranverfahren und Adsorption*, Edition KWV,
https://doi.org/10.1007/978-3-658-24663-1_3

Tabelle 3-1: Physikalische Eigenschaften der Stoffe des ersten Modellsystems

	CO_2	C_3H_8
molare Masse M, g mol^{-1}	44,01	44,1
kinet. Durchmesser σ, Å	4,00[a]	5,06[a]
kritische Temperatur, K	304,12	369,83
kritischer Druck, MPa	7,374	4,248
kritisches Volumen, cm^3 mol^{-1}	94,07	200,00
Löslichkeit in H_2O bei 20 °C, 101,3 kPa, g l^{-1}	1,7	0,075

a: errechnet aus der Viskosität[4]

Propan zeigt als kurzer aliphatischer Kohlenwasserstoff nur schwache van-der-Waals-Wechselwirkungen zu anderen unpolaren Stoffen auf. Kohlenstoffdioxid kann als Elektrophil Wechselwirkungen mit polaren Stoffen eingehen und an Aminen chemisorbiert werden.[5] Um diese unterschiedlichen Charakteristika in einem Membranprozess ausnutzen zu können, stellt eine Oberflächenmodifizierung eine attraktive Möglichkeit dar.

Durch eine Modifizierung kann die Oberflächenchemie der Membran zu Gunsten der Adsorption eines der beiden Gase des Modellsystems verändert werden. Möglichkeiten sind die Hydrophobierung der Membran durch das Aufbringen von siliziumorganischen Verbindungen mit aliphatischen Ketten[6,7] zur Steigerung der unpolaren Wechselwirkungen mit Propan oder die Modifikation der Oberfläche mit Aminoorganosilanen[8,9] zur selektiven Chemisorption von Kohlenstoffdioxid. Da eine Hydrophobierung der Oberfläche auch zu unspezifischen Wechselwirkungen mit anderen unpolaren Stoffen führt, wurde in dieser Studie die Modifikation mit Aminen untersucht.

Die Reaktion von Kohlenstoffdioxid mit Aminen in Lösung ist in der Literatur ausführlich beschrieben[5,10] und wird zur Absorption von CO_2 aus Abgasen z.B. von Kraftwerken oder Steam-Crackern verwendet. An funktionalisierten Oberflächen wurden abhängig von der Temperatur, des Wassergehaltes, der Anzahl der Amino-Gruppen pro Silan und der Dichte auf der Oberfläche verschiedene Carbamate beobachtet[11,12]. Ein Beispiel für intermolekulare Carbamatbildung bei

Abwesenheit von Wasser ist in Abbildung 3-1 dargestellt. Die Carbamatbildung ist eine spezifische Wechselwirkung mit CO_2 und führt zu hohen Adsorptionswärmen[13]. Des Weiteren wurde von einer Erhöhung der Adsorptionskapazität für CO_2 im Vergleich zu unmodifizierten Materialien berichtet.[8]

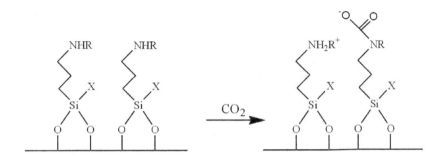

Abbildung 3-1: Mechanismus der intermolekularen Carbamat-Bildung an einer Amin-funktionalisierten Oberfläche

Im Rahmen dieser Studie soll eine Untersuchung zum Einfluss von Modifikationen der Oberfläche auf den Stofftransport durch eine mesoporöse Glasmembran durchgeführt werden. Das Ziel ist die Beeinflussung der Selektivität der Membran für ein durch Porendiffusion untrennbares Gemisch aus Kohlenstoffdioxid und Propan.

3.2 Chromatographische Trennung eines Racemates enantiomerer Anästhetika (Modellsystem 2)

Anästhesien unter Verwendung volatiler Anästhetika sind heute die am häufigsten gewählte Form der Narkose. Moderne Anästhetika wie Desfluran (Abbildung 3-2) sind fluorierte bzw. chlorierte Methyl-Ethyl- oder Methyl-Propyl-Ether. Sie zeichnen sich durch eine hohe chemische Stabilität und eine sehr niedrige Löslichkeit aus.[14] Sie werden vom Patienten über die Lunge aufgenommen und mit dem Blut in den verschiedenen Geweben des Körpers verteilt.[15] Hirnzellen weisen die größte Empfindlichkeit gegenüber den als Narkotika zugeführten Substanzen auf.[16] Der genaue Wirkmechanismus volatiler Anästhetika ist jedoch noch nicht vollständig verstanden.[17]

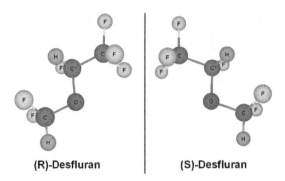

(R)-Desfluran | (S)-Desfluran

Abbildung 3-2: Chemische Struktur der beiden Stereoisomere des anästhetischen Gases Desfluran

Die meisten der heute verwendeten Anästhetika sind chirale Substanzen, die bisher ausschließlich als Racemat verabreicht werden. Die Konformationen[18] und theoretischen Unterschiede in der Potenz[19] beider Enantiomeren wurden bereits untersucht. Die stereoselektiven Wechselwirkungen der Anästhetika im menschlichen Körper konnten jedoch bisher noch nicht genauer untersucht werden. Studien zu unterschiedlichen Wirksamkeiten der einzelnen Stereoisomere kamen zu widersprüchlichen Ergebnissen. Für Isofluran konnte von verschiedenen Arbeitsgruppen eine zum Teil stark unterschiedliche Potenz und Wirkdauer der einzelnen Enantiomeren nachgewiesen werden[20,21]. Gleichzeitig zeigen andere Studien keine Anzeichen für stereospezifische Effekte volatiler Anästhetika[22]. Ein generelles Problem bisher veröffentlichter Studien ist die unzureichende Verfügbarkeit enantiomerenreiner Anästhetika, so dass bisher nur wenige systematische Studien an Tieren durchgeführt werden konnten[23,24]. Untersuchungen am Menschen wurden durch die Analyse der Ausatemgase nach der Anästhesie durchgeführt[25]. Die Mehrzahl der in der Literatur verfügbaren Studien kommt zu dem Schluss, dass enantiomerenreine Anästhetika Vorteile in Effektivität und Sicherheit gegenüber dem Racemat bieten können[26,27]. Hieraus leitet sich das Ziel ab, unter Anwendung einer Oberflächenmodifikation die Trennung des Racemates und damit die Herstellung enantiomerenreinen Desflurans durchzuführen.

Die Darstellung eines technischen Prozesses, der geeignet ist, volatile Anästhetika wie Desfluran in enantiomerenreiner Form bereitzustellen, erscheint als wichtiger Beitrag für eine mögliche verbesserte klinische Nutzung der Anästhetika. Eine enantioselektive Synthese des Desflurans über den Umweg des enantiomerenreinen Isoflurans[28] erfordert jedoch harsche Bedingungen und erreichte bisher lediglich einen Enantiomerenüberschuss von 91 %. Als bisher aussichtsreichste Methode zur Herstellung enantiomerenreinen Desflurans wird eine chromatographische Auftrennung des Racemats angesehen, welche daher in dieser Arbeit umgesetzt werden soll. Dazu wird ein chiraler Selektor benötigt, der in der Lage ist, die geringen Unterschiede zwischen den Enantiomeren zur Auftrennung des Racemates zu nutzen.

Obwohl in der Literatur verschiedene chirale Selektoren für die Aufspaltung eines Racemats bekannt sind[29], konnten die leichtflüchtigen und schwer löslichen Flurane gaschromatographisch bisher nur an derivatisierten Cyclodextrin-Phasen getrennt werden. Cyclodextrine sind ringförmige Zuckermoleküle, die aus mehreren 1,4-glykosidisch verknüpften Glucoseringen bestehen. Es ergibt sich eine konusförmige Struktur mit hydrophiler Hülle und hydrophobem Innenraum. An der schmalen Seite befinden sich pro Glucoseeinheit je eine primäre Hydroxylgruppe (C-6), an der breiten Seite je zwei sekundäre Hydroxylgruppen (C-2 und C-3). Die Größe des Innenraums nimmt mit der Zahl der Glukoseeinheiten im Ring zu. Für γ-Cyclodextrin ergibt sich ein Hohlraumdurchmesser von 0,96 nm und eine Höhe von 0,78 nm[30]. Abhängig von ihrer Größe und Polarität können Cyclodextrine Inklusionsverbindungen mit verschiedensten Molekülen eingehen. Durch die große Anzahl an chiralen Zentren können Cyclodextrine zudem als chirale Selektoren für ein breites Spektrum an Molekülen eingesetzt werden. Durch Derivatisierung an den Hydroxylgruppen können sowohl die Polarität als auch die Größe des Innenraums an Zielmoleküle angepasst werden. So wurden Cyclodextrine unter anderem mit Acetyl-[31], Phenylcarbamoyl-[32] oder Methylgruppen[33] modifiziert, um die Selektivität für verschiedene Zielmoleküle zu erhöhen. Eine Derivatisierung des γ-Cyclodextrins mit n-Pentyl- und Butanoylgruppen (Abbildung 3-3) ermöglichte eine Trennung chiraler Flurane[34].

Weitere potentielle Selektoren sind Cyclodextrin-Derivate, die durch eine Permethylierung oder eine Umsetzung mit Trifluoroessigsäure erhalten werden können.[31] Von weiteren Alternativen zur stereoselektiven Trennung chiraler Flurane wurde in der Literatur bisher nicht berichtet.

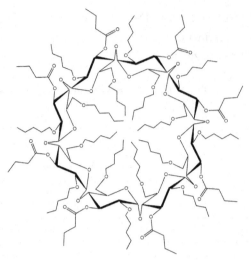

Abbildung 3-3: Struktur des chiralen Selektors Oktakis(3-O-butanoyl-2,6-di-O-n-pentyl)-γ-Cyclodextrin[34]

Die Immobilisierung der Cyclodextrine auf den jeweiligen Trägern wurde durch unterschiedliche Ansätze durchgeführt. Neben dem Lösen der Cyclodextrine in Polysiloxan[35] und anschließender Imprägnierung der Träger wurden verschiedene Methoden zur chemischen Immobilisierung mittels kovalenter Bindungen mit den Trägermaterialien entwickelt. Besondere Beachtung fand in den letzten Jahren die Immobilisierung durch die so genannte „click"-Chemie[36], bei der eine Kupfer(I)-katalysierte Azid-Alkin Cycloaddition angewandt wird. Des Weiteren werden die Hydrosilylierung[37], die Kupplung eines Alken-modifizierten Cyclodextrins an einen Polysiloxan-Träger, sowie die Harnstoffbindung[38], welche die Staudinger-Reaktion mit CO_2 zur Immobilisierung nutzt, verwendet. Die Cyclodextrine können so in ein definiertes Porensystem eingebracht und chemisch an den Träger gebunden werden.

Da angenommen wird, dass die Ausbildung einer Inklusionsverbindung zwischen dem Cyclodextrin-Molekül und den Zielmolekülen ein wichtiger Bestandteil der stereospezifischen Wechselwirkungen ist[29], ist die Zugänglichkeit des Innenraums der Selektoren im porösen Trägersystem von großer Bedeutung. Der Außendurchmesser des für die Trennung von Fluran-Racematen oft verwendeten[34] γ-Cyclodextrins beträgt in der unmodifizierten Form 1,69 nm[30] und gibt damit die Mindestgröße der Poren im Träger vor. Eine in der Literatur bisher nicht realisierte Anpassung der Porenstruktur an die Größe des Selektors erscheint vorteilhaft für effiziente präparative Anwendungen des Gesamtsystems.

Zur chromatographischen Trennung des Desfluran-Racemates soll in dieser Studie ein geeigneter Selektor[34] synthetisiert und auf porösen Glaspartikeln immobilisiert werden.[33] Diese oberflächenmodifizierten Glaspartikel sollen anschließend als stationäre Phase eines gaschromatographischen Prozesses genutzt werden, um eine Trennung des racemischen Gemisches zu erreichen.

3.3   Fazit

In diesem Kapitel wurden die beiden in dieser Studie untersuchten Trennprobleme

- Modellsystem 1: Kohlenstoffdioxid / Propan

- Modellsystem 2: (R)-Desfluran / (S)-Desfluran

vorgestellt und Lösungsansätze unter Verwendung einer modifizierten Oberflächenchemie vorgeschlagen.

Im nächsten Kapitel soll zunächst auf das erste Modellsystem der membrangestützten Trennung von Kohlenstoffdioxid und Propan eingegangen werden. Dazu sollen die Herstellung, Modifizierung und anschließende Charakterisierung der verwendeten porösen Glasmembranen beschrieben werden.

[1]   R. Xie, L.-Y. Chu, J.-G. Deng, Membranes and membrane processes for chiral resolution, Chem. Soc. Rev., 2008, 37, 1243.

[2]   A. Markovic, D. Stoltenberg, D. Enke, E.-U. Schlünder, A. Seidel-Morgenstern, Gas permeation through porous glass membranes Part I. Mesoporous glasses – effect of pore diameter and surface properties, J. Membr. Sci., 2009, 336, 17.

[3]   J. Yang, J. Cermakova, P. Uchytil, C. Hamel, A. Seidel-Morgenstern, Gas phase transport, adsorption and surface diffusion in a porous glass membrane, Catal. Today, 2005, 104, 344.

[4]   J. O. Hirschfelder, C. F. Curtiss, R. B. Bird, Molecular theory of gases and liquids, John Wiley & Sons, New York, 1967.

[5]   R. J. Hoock, An investigation of some sterically hindered amines as potential carbon dioxide scrubbing compounds, Ind. Eng. Chem. Res., 1997, 36, 1779.

[6]   M. C. Capel-Sanchez, L. Barrio, J. M Campos-Martin, J. L. G. Fierro, Silylation and surface properties of chemically grafted hydrophobic silica, J. Colloid Interface Sci., 2004, 277, 146.

[7] L. A. Belyakova, A. M. Varvarin, Surface properties of silica gels modified with hydrophobic groups, Colloids Surf., A, 1999, 154, 285.

[8] M. R. Mello, D. Phanon, G. Q. Silveira, P. . Llewellyn, C. M. Ronconi, Amine-modified MCM-41 mesoporous silica for carbon dioxide capture, Microporous Mesoporous Mater., 2011, 143, 174.

[9] Y. Sakamoto, K. Nagata, K. Yogo, K. Yamada, Preparation and CO_2 separation properties of amine-modified mesoporous silica membranes, Microporous Mesoporous Mater., 2007, 101, 303.

[10] S. H. Ali, S. Q. Merchant, M. A. Fahim, Kinetic study of reactive absorption of some primary amines with carbon dioxide in ethanol solution, Sep. Purif. Technol., 2000, 18, 163.

[11] A. C. C. Chang, S. S. C. Chuang, M. Gray, Y. Soong, In-situ infrared study of CO_2 Adsroption on SBA-15 grafted with γ-(Aminopropyl)triethoxysilane, Energy Fuels, 2003, 17, 468.

[12] C. Knöfel, J. Descarpentries, A. Benzaouia, V. Zelenak, S. Mornet, P. L. Llewellyn, V. Hornebecq, Functionalised micro-/mesoporous silica for the dsorption of carbon dioxide, Microporous Mesoporous Mater., 2007, 99, 79.

[13] G. P. Knowles, J. V. Graham, S. W. Delaney, Aminopropyl-functionalized mesoporous silica as CO_2 adsorbents, Fuel Process. Technol., 2005, 86, 1435.

[14] C. J. Young, J. L. Apfelbaum, A comparative review of the newer inhalational anaesthetics, CNS Drugs, 1998, 10 (4), 287.

[15] J. Stachnik, Inhaled anesthetic agents, Am. J. Health-Syst. Pharm., 2006, 63, 623.

[16] C. G. Ward, A. W. Loepke, Anesthetics and sedatives: toxic or protective for the developing brain?, Pharmacol. Res., 2012, 65, 271.

[17] H. A. Haeberle, H. G. Wahl, G. Aigner, K. Unertl, H.-J. Dieterich, Release of S(+) enantiomers in breath samples after anaesthesia with isoflurane racemate, Eur. J. Anaesthesiol., 2004, 21, 144.

[18] P. U. Biedermann, J. R. Cheeseman, M. J. Frisch, V. Schurig, I. Gutman, I. Agranat, Conformational spaces and absolute configurations of chiral fluorinated inhalation anaesthetics. A theoretical study, J. Org. Chem., 1999, 64, 3878.

[19] J. A. Caravella, W. G. Richards, The potencies of optically active anaesthetics, Eur. J. Med. Chem., 1995, 30, 727.

[20] A. C. Hall, W. R. Lieb, N. P. Franks, Stereoselective and non-stereoselective actions of isoflurane on the $GABA_A$ receptor, Br. J. Pharmacol., 1994, 112, 906.

[21] B. Harris, E. Moody, P. Skolnick, Isoflurane anesthesia is stereoselective, Eur. J. Pharmacol., 1992, 217, 215.

[22] B. M. Graf, M. Boban, D. F. Stowe, J. P. Kampine, Z. J. Bosnjak, Lack of stereospecific effects of isoflurane and desflurane isomers in isolated guinea pig hearts, Anesthesiology, 1994, 81, 129.

[23] R. Dickinson, I. White, W. R. Lieb, N. P. Franks, Stereoselective loss of righting reflex in rats by isoflurane, Anesthesiology, 2000, 93, 837.

[24] E. I. Eger II, D. D. Koblin, M. J. Laster, V. Schurig, M. Juza, P. Ionescu, D. Gong, Minimum alveolar anesthetic concentration values for the enantiomers of isoflurane differ minimally, Anesth. Analg., 1997, 85, 188.

[25] H. A. Haeberle, H. G. Wahl, H. Jakubetz, H. Krause, R. Schmidt, V. Schurig, H.-J. Dieterich, Accumulation of S(+) enantiomer in human beings after general anaesthesia with isoflurane racemate, Eur. J. Anaesthesiol., 2002, 19, 641.

[26] C. Nau, G. R. Strichartz, Drug chirality in anesthesia, Anesthesiology, 2002, 97, 497.

[27] H. Y. Aboul-Enein, J. Bojarski, J. Szymura-Oleksiak, The impact of chirality of the fluorinated volatile inhalation anaesthetics on their clinical applications, Biomed. Chromatogr., 2000, 14, 213.

[28] K. Ramig, Synthesis and reactions of fluoroether anesthetics, Synthesis, 2002, 17, 2627.

[29] V. Schurig, Separation of enantiomers by gas chromatography, J. Chromatogr. A, 2001, 906, 275.

[30] M. Junge, Dissertation, Universität Hamburg, 2004.

[31] A. Shitangkoon, D. U. Staerk, G. Vigh, Gas chromatographic separation of the enantiomers of volatile fluoroether anestetics using derivatized cyclodextrin stationary phases. Part I, J. Chromatogr. A, 1993, 657, 387.

[32] X.-H. Lai, Z.-W. Bai, S.-C. Ng, C.-B. Ching, Preparation and enantioseparation characteristics of two chiral stationary phases based on Mono(6^A-azido-6^A-deoxy)-perphenylcarbamoylated α- and γ-cyclodextrin, Chirality, 2004, 16, 592.

[33] S.-C. Ng, T.-T. Ong, P. Fu, C.-B. Ching, Enantiomer separation of flavour and fragrance compounds by liquid chromatography using novel urea-covalent bonded methylated β-cyclodextrins on silica, J. Chromatogr. A, 2002, 968, 31.

[34] W. A. König, R. Krebber, P. Mischnik, Cyclodextrins as chiral stationary phases in capillary gas chromatography, J. High Resolut. Chromatogr., 1989, 12, 732.

[35] M. Juza, O. D. Giovanni, G. Biressi, V. Schurig, M. Mazzotti, M. Morbidelli, Continous enantiomer separation of the volatile inhalation anesthetic enflurane with a gas chromatographic simulated moving bed unit, J. Chromatogr. A, 1998, 813, 333.

[36] F. Santoyo-Gonzalez, F. Hernandez-Mateo, Silica-based clicked hybrid glyco materials, Chem. Soc. Rev., 2009, 38, 3449.

[37] V. Schurig, D. Schmalzing, U. Mühleck, M. Jung, M. Schleimer, Gas chromatographic enantiomer separation on polysiloxane-anchored permethyl-β-cyclodextrin (Chirasil-Dex), J. High Resolut. Chromatogr., 1990, 13, 713.

[38] I. W. Muderawan, T.-T. Ong, S.-C. Ng, Urea bonded cyclodextrin derivatives onto silica for chiral HPLC, J. Sep. Sci., 2006, 29, 1849.

4 Membrangestützte Trennung zweier Gase gleichen Molekulargewichtes

4.1 Herstellung und Charakterisierung der verwendeten porösen Glasmembranen

Der Einsatz anorganischer Membranen im Allgemeinen und poröser Glasmembranen im Speziellen zur Untersuchung von Stofftransportphänomenen findet in der Literatur viele Beispiele.[1,2] Die poröse Struktur dieser Materialien ist gut untersucht und die Reproduzierbarkeit der Mikrostruktur ist auf einem hohen Niveau. Daher liegt es nahe, diese Modellsysteme auch zur Untersuchung des Einflusses einer veränderten Oberflächenchemie auf den Diffusionsprozess zu nutzen.

Für diese Studie wurden die porösen Gläser in Form von Flachmembranen eingesetzt. Obwohl diese Geometrie im Vergleich zu Rohrmembranen den Nachteil der kleineren Oberfläche aufweist, wurde sie der Rohrgeometrie vorgezogen. Gründe hierfür waren die einfachere Herstellung, die homogenere Mikrostruktur und die höhere Praktikabilität bei der chemischen Modifizierung und Charakterisierung.

Im Folgenden werden die Herstellung, die anschließende Oberflächenmodifizierung und die Charakterisierung der genutzten Glasmembranen beschrieben. Die Glasmembranen wurden in Kooperation mit dem Institut für technische Chemie der Universität Leipzig in der Arbeitsgruppe von Prof. Dr. Dirk Enke synthetisiert. Die weitere Modifizierung und Charakterisierung der Membranen sowie die Adsorptions- und Stofftransportmessungen wurden am Max-Planck-Institut für Dynamik komplexer technischer Systeme durchgeführt.

4.1.1 Herstellung und Oberflächenmodifikation

Als Ausgangsglas für die in dieser Studie verwendeten Membranen diente ein thermisch phasengetrenntes Natriumborosilikatglas der Zusammensetzung 70 Ma.-% SiO_2, 23 Ma.-% B_2O_3 und 7 Ma.-% Na_2O. Die Glasschmelze wurde in eine 10 – 15 mm dicke Platte gewalzt um den Temperaturbereich der Mischungslücke möglichst schnell zu verlassen. Anschließend wurden mit Hilfe eines Kernbohrers runde Stäbe mit einem Durchmesser von 15 mm aus den Platten gebohrt und diese mit einer Innenlochsäge in Scheiben mit einer Dicke von 0,5 mm gesägt. Die Platten wurden anschließend in einem Muffelofen für 24 h bei 500 °C gehalten und anschließend abgekühlt, um weitere Entmischung zu vermeiden. Die saure

Extraktion der natriumboratreichen Phase erfolgte in 3 M Salzsäure bei einer Temperatur von 90 °C für 24 h. Schließlich wurden die Membranen mit destilliertem Wasser gewaschen und getrocknet. Die für diese Studie verwendeten Glasmembranen entstammten aus zwei verschiedenen Chargen. Da die angestrebte Porenstruktur im unteren Mesoporenbereich sehr sensibel auf kleinste Unterschiede im Ausgangsglas reagiert, wurden beide Chargen separat voneinander betrachtet. Die unmodifizierten Membranen der beiden Chargen werden im weiteren Verlauf als „M1" und „M2" bezeichnet.

Die Aminosilanisierung der Membranen wurde mit Aminopropyltrialkoxysilanen in trockenem Toluol durchgeführt.[3] Die porösen Glasmembranen wurden für 2 h bei 120 °C getrocknet und in eine 0,01 M Lösung des Aminoorganosilans (Abbildung 4-1) in trockenem Toluol gegeben. Die Membranen der Charge M1 wurden mit γ-Aminopropyltriethoxysilan modifiziert und als „M3" bezeichnet, die Charge M2 wurde mit 3-[2-(2-Aminoethylamino)ethylamino]propyltrimethoxysilan umgesetzt und wird im Folgenden als „M4" bezeichnet. Die Menge der Lösung wurde so gewählt, dass die Menge des Aminoorganosilans einer Konzentration von 7 µmol m^{-2} spezifische Oberfläche des porösen Glases entspricht. Anschließend wurde die Lösung für 6 h am Rückfluss zum Sieden gebracht. Danach wurden die Membranen mit trockenem Toluol gewaschen und bei 80 °C getrocknet.

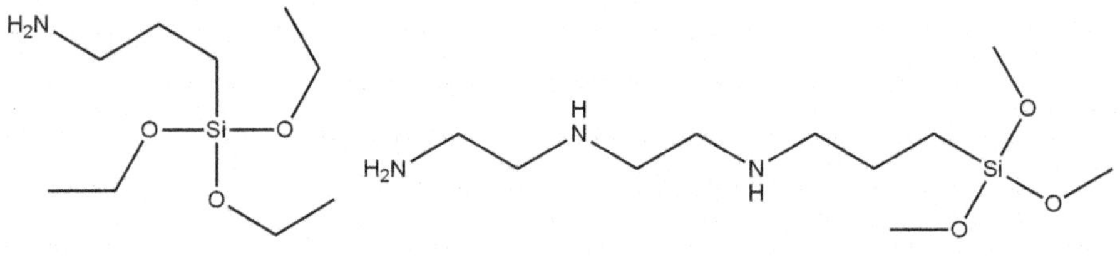

γ-Aminopropyltriethoxysilan   3-[2-(2-Aminoethylamino)ethylamino]propyltrimethoxysilan

Abbildung 4-1: Struktur der verwendeten Aminoorganosilane

4.1.2   Charakterisierung

4.1.2.1 Stickstoff-Tieftemperatur-Adsorption

Vor der Messung wurden die zu untersuchenden Glasmembranen jeweils 24 Stunden bei 120 °C im Hochvakuum (10^{-5} mbar) ausgeheizt. Sowohl die Adsorptions- als auch die Desorptionsisothermen wurden mit Geräten des Typs Sorptomatic 1990 (ThermoFinnigan) und Nova2200e (Quantachrome) über den gesamten Bereich der Relativdrücke von p/p_0 von 0 bis 1 bestimmt. Die gemessenen Isothermen sind in Abbildung 4-2 dargestellt.

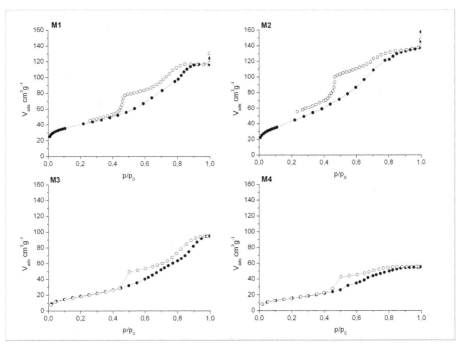

**Abbildung 4-2: Stickstoff-Tieftemperatur-Isothermen der verwendeten Membranen.
Geschlossene Symbole markieren die Adsorption, offene Symbole den Desorptionszweig**

Für die Auswertung der gemessenen Isothermen wurde für die von einem
Stickstoffmolekül eingenommene Fläche ein Wert von 0,162 nm^2 angenommen.
Die spezifischen Oberflächen der Membranen wurden aus dem linearen Teil der
Brunauer-Emmett-Teller-Plots[4] (BET) bestimmt. Der Bereich der Relativdrücke
p/p_0 in dem die Adsorptionsisotherme analysiert wurde, wurde jeweils auf
Selbstkonsistenz überprüft[5,6] und lag zwischen 0,05 – 0,35. Die genauen Bereiche
für die einzelnen Membranen, die Korellationskoeffizienten und die Werte der C-
Konstanten sind im Anhang dargestellt. Das Gesamtporenvolumen wurde aus der
bei einem Relativdruck von 0,99 an der Probe adsorbierten Gasmenge errechnet.
Dies erfolgte unter der Annahme, dass bei diesem Relativdruck alle für Stickstoff
zugänglichen Poren vollständig mit kondensiertem Adsorptiv gefüllt sind. Die
Porengrößenverteilungen wurden aus den Adsorptions- bzw. Desorptionszweigen
der Isothermen aus den Werten bei Relativdrücken p/p_0 größer 0,2 nach Barrett-
Joyner-Halenda[7] (BJH), ausgehend von vollständig mit kondensiertem Adsorptiv
gefüllten, zylindrischen Poren und mit Hilfe der „Non-local Density Functional
Theory"[8,9] (NLDFT) berechnet. Ferner wurde ein mittlerer Porendurchmesser
gemäß Gleichung 4-1 berechnet:

$$d_P = \frac{4V_P}{O_S} \qquad\qquad (4\text{-}1)$$

Die berechneten Werte für die unmodifizierten sowie die modifizierten
Membranen sind in Tabelle 4-1 und Tabelle 4-2 aufgelistet.

Tabelle 4-1: Mikrostrukturelle Daten der verwendeten Membranen

Membran	V_P, cm^{3}g^{-1}	O_S, m^{2}g^{-1}	Porosität
M1	0,181	142	0,28
M2	0,212	147	0,32
M3	0,147	72	0,24
M4	0,086	58	0,16

Tabelle 4-2: Mittlere Porendurchmesser der Membranen in nm

Membran	BJH (Ad)[a]	BJH (Des)[b]	NLDFT (Ad)[c]	NLDFT (Eq)[d]	4V_P/O_S
M1	5,5	3,7	6,1	5,1	5,1
M2	3,3	3,7	6,1	4,9	5,8
M3	5,7	3,8	6,1	5,5	8,2
M4	4,3	3,8	5,3	5,5	5,9

a: errechnet aus dem Adsorptionszweig, b: errechnet aus dem Desorptionszweig, c: NLDFT
Adsorptionszweig-Modell, d: NLDFT Gleichgewichtsmodell

4.1.2.2 Thermogravimetrie / Differenzkalorimetrie

Zur Bestimmung der Gesamtzahl der Hydroxylgruppen auf der Oberfläche vor der
Modifizierung wurde die Thermogravimetrie eingesetzt. Die Thermogravimetrie /
Differenzkalorimetrie-Messungen wurden mit einem Gerät des Typs SENSYS evo
TG-DSC (Setaram) durchgeführt. Die zu untersuchenden Membranen wurden
hierzu in möglichst kleine Teile zerbrochen und durch ein Temperaturprogramm
mit einer Heizrate von 10 K min^{-1} auf 180 °C aufgeheizt und diese Temperatur für
2 h konstant gehalten. Anschließend wurde die Probe mit einer Heizrate von

5 K min^{-1} auf 800 °C aufgeheizt. Bei Temperaturen bis 180 °C wird das physisorbierte Wasser von der Oberfläche der Membranen entfernt. Der Gewichtsverlust im Temperaturintervall zwischen 180 und 800 °C ist auf die Dehydroxylierung der Oberfläche zurückzuführen und steht somit in Relation zu der Gesamtzahl der Hydroxylgruppen (siehe Abschnitt 2.2.2.1). Diese Größe wurde genutzt, um die Konzentration der Hydroxylgruppen auf der Oberfläche der Membranen nach Gleichung 4-2 zu bestimmen.[10] Eine Unterscheidung zwischen den unterschiedlichen Arten der Hydroxylgruppen ist auf diese Weise nicht möglich. Die Ergebnisse der Untersuchungen sind in Tabelle 4-3 zusammengefasst.

$$N_{OH} = \frac{2 \cdot 1000 \cdot W_M}{3 \cdot O_S} \qquad\qquad (4\text{-}2)$$

Tabelle 4-3: Konzentration der Hydroxylgruppen auf der Oberfläche der unmodifizierten Glasmembranen

Membran	Konzentration der Hydroxylgruppen, nm^{-2}
M1	9,1
M2	9,3

Zusätzlich wurden die modifizierten Membranen auf die zuvor beschriebene Weise untersucht. Ziel dieser Messungen war die Charakterisierung der Temperaturstabilität der aufgebrachten Modifizierung sowie eine Überprüfung der durch die Elementaranalyse ermittelten Oberflächenkonzentration. Die erhaltenen Ergebnisse sind in Abbildung 4-3, Abbildung 4-4 und Tabelle 4-4 dargestellt.

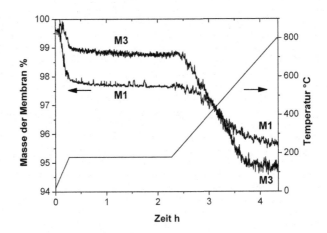

Abbildung 4-3: Ergebnisse der Thermogravimetrie einer Membran vor (M1) und nach der Modifikation (M3)

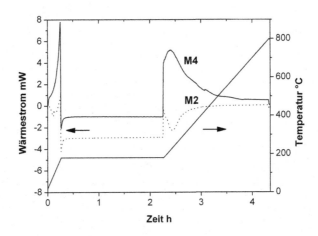

Abbildung 4-4: Ergebnisse der Differenzkalorimetrie einer Membran vor (M2) und nach der Modifikation (M4)

Tabelle 4-4: Gewichtsverlust der modifizierten Membranen während der Thermogravimetrie zwischen 180 und 800 °C

Membran	Gewichtsverlust, %
M3	3,8
M4	4,8

4.1.2.3 Röntgen-Photoelektronenspektroskopie (XPS)

Die Glasmembranen M2 und M4 wurden vor der Messung für 5 min in Aceton im
Ultraschallbad gereinigt. Nach der Trocknung wurden die Membranen mit einem
C-Tape auf einem Probenplättchen fixiert. Das leitende C-Tape wurde genutzt, um
Aufladungserscheinungen während der Messungen zu minimieren. Anschließend
wurde die fixierte Membran im Vakuum bei $5 \cdot 10^{-8}$ mbar für 12 h entgast. Die
Messung des XP-Spektrums wurde im Ultrahochvakuum bei $3 \cdot 10^{-10}$ mbar mittels
Mg Kα-Strahlung bei 1253,6 eV durchgeführt. Die kinetische Energie der
Photoelektronen wurde mit einem hemisphärischen Analysator (Phoibos 150,
SPECS) gemessen. Die Auswertung der erhaltenen Spektren (Abbildung 4-5)
erfolgte mit CasaXPS. Die Ergebnisse sind in Tabelle 4-5 dargestellt.

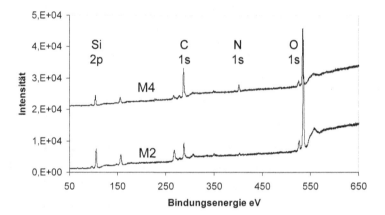

**Abbildung 4-5: XP-Spektren der Membranen vor (M2, unten) und nach der Modifikation
(M4, oben)**

Tabelle 4-5: Elementare Zusammensetzungen der Oberflächen der gemessenen Membranen (%)

Signal, eV	Zuordnung	M2	M4
284,5	C 1s	5,7	20,4
102,4 – 103,0	Si 2p	33,5	28,5
531,7 – 532,3	O 1s	60,1	46,7
-	B 1s	0	0
398,8 – 399,6	N 1s	0,6	4,2

4.1.2.4 Elementaranalyse

Sowohl die unmodifizierten als auch die modifizierten Membranen wurden mittels Elementaranalyse auf ihren Gehalt an Kohlenstoff, Wasserstoff und Stickstoff hin untersucht. Dazu wurde das Gerät vario EL cube der Firma elementar genutzt. Die Proben wurden bei 1150 °C im Sauerstoffstrom verbrannt und analysiert. Die Ergebnisse der Elementaranalyse der Glasmembranen sind in Tabelle 4-6 aufgeführt.

Tabelle 4-6: Ergebnisse der Elementaranalyse der verwendeten Glasmembranen

Element	prozentuale Zusammensetzung			
	M1	M2	M3	M4
C	0,14	0,15	2,24	2,52
H	0,246	0,384	0,359	0,413
N	0,09	0,04	0,5	0,63

4.1.3 Adsorptionsmessungen

Die Adsorptionskapazitäten der einzelnen Membranen für die adsorbierbaren Gase Kohlenstoffdioxid und Propan wurden mit einem klassischen volumetrischen Ansatz bestimmt (Abbildung 4-6). Die selbst gebaute Apparatur war in 2 von einander getrennten Zellen mit bekannten Volumina ($V_{a1} = 6{,}3$ cm^3, $V_{a2} = 6{,}9$ cm^3) unterteilt und konnte mittels eines Thermostaten auf Temperaturen bis 100 °C erhitzt werden. Eine Zelle wurde mit den zu untersuchenden Membranen gefüllt, die zweite Zelle diente als Reservoir für das Testgas. Nach einer Aktivierung der Membranen im Vakuum bei 80 °C wurde die zweite Zelle mit dem Testgas bei unterschiedlichen Drücken p_0 bis 4,5 bar befüllt. Anschließend wurden beide Zellen miteinander verbunden. Nach Erreichen eines stationären Zustands wurde der Druck in beiden Zellen mit Hilfe eines Druckaufnehmers CTE8005AL4 (SensorTechnics) ermittelt. Aus dem gemessenen Gleichgewichtsdruck p_{eq} und den bekannten Volumina beider Zellen wurde die Beladung der Membranen nach Gleichung 4-3 berechnet:

$$q = \frac{p_0 V_{a2} - p_{eq}(V_{a1} + V_{a2})}{RT m_{Mem}} \rho_{Mem}. \qquad (4\text{-}3)$$

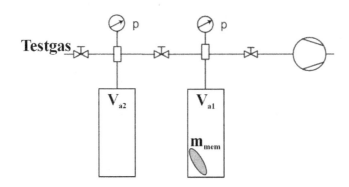

Abbildung 4-6: Schematische Darstellung der verwendeten Adsorptionszelle

4.1.4 Stofftransportmessungen

Die Untersuchungen zum Stofftransport durch die Membranen wurden auf zwei Arten ausgeführt. Zum einen wurde der Transport der reinen Einzelgase in einem dynamischen Diffusionsexperiment untersucht. Da diese Experimente die Effekte eventueller Wechselwirkungen wie konkurrierende Adsorption an der Oberfläche nicht widerspiegeln können, wurden weiterhin Messungen mit binären

Gasmischungen im stationären Zustand durchgeführt. Die hierfür verwendeten
Konfigurationen der Diffusionszelle werden im Folgenden beschrieben.

4.1.4.1 Einzelgasdiffusion

Die Messungen der Stofftransporteigenschaften der mesoporösen Glasmembranen
für Einzelgase wurden mit einer modifizierten Wicke-Kallenbach-Zelle (Abbildung
4-7) durchgeführt. Die eingespannte Glasmembran unterteilt die Apparatur hierbei
in eine gegen den Aussendruck zu öffnende (V_1 = 134 cm^3) und eine geschlossene
Halbzelle (V_2 = 2,24 cm^3). Die zu untersuchenden Membranen wurden jeweils bei
140 °C im Vakuum ausgeheizt. Zum Start der Messung wurde die zu öffnende
Halbzelle mit dem jeweiligen Testgas (N_2, CO_2, C_3H_8) geflutet und schließlich
gegen den Aussendruck geöffnet. Um Grenzschichten vor der Membran zu
vermeiden, strömte das Testgas hierbei durch ein Rohr mit einem
Innendurchmesser von 4 mm mit einem Fluss von 100 ml min^{-1} unmittelbar gegen
die Membran. Der resultierende Druckanstieg in der geschlossenen Halbzelle
wurde mit einem Druckaufnehmer vom Typ CTE8005AL4 (SensorTechnics)
gemessen. Durch Beheizung der Apparatur waren Messungen bei Temperaturen bis
160 °C möglich.

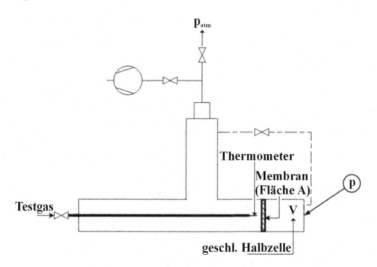

**Abbildung 4-7: Schematische Darstellung der modifizierten Wicke-Kallenbach-Zelle
während der instationären Messungen**

Aus den Ableitungen der erhaltenen Druckverläufe können der Fluss durch
die Membran und die Permeabilität errechnet werden[11]:

$$J_{ges} = \frac{V_2}{ART} \frac{dp}{dt}$$ (4-4)

$$P_{ges} = \frac{J_{ges} \delta}{p_{atm} - p}$$ (4-5)

4.1.4.2 Diffusion binärer Gasmischungen

Für die Untersuchungen der Diffusion binärer Gasmischungen wurde die vorhandene Apparatur wie folgt verändert (Abbildung 4-8). Die geschlossene Halbzelle konnte mit einem Gaschromatographen (GC 17A, Shimadzu) verbunden und mit Helium durchströmt werden. Nach der Aktivierung der Membran im Vakuum wurde die offene Halbzelle mit der binären Gasmischung geflutet und gegen den Außendruck geöffnet. Gleichzeitig wurde die abschließbare Halbzelle mit Helium geflutet, mit dem Gaschromatographen verbunden und ebenfalls gegen den Außendruck geöffnet. Dabei wurden sowohl die Gasmischung als auch das Helium unmittelbar gegen die Membran geleitet, um Grenzschichten zu vermeiden. Nach Erreichen eines stationären Zustands wurde die Flussrate aus der abschließbaren Halbzelle mit einem Film-Durchflussmesser (SF2, Stec) gemessen und die Zusammensetzung des Gases mit dem Gaschromatographen analysiert. Die Flüsse der einzelnen Komponenten durch die Membran konnten dann direkt aus der Zusammensetzung des Permeates errechnet werden (Gleichung 4-6). Analog zu den Messungen mit Einzelgasen waren Temperaturen bis 160 °C realisierbar.

$$J_i = \frac{p_{atm} y_i F}{ART}$$ (4-6)

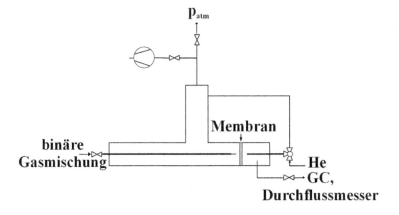

Abbildung 4-8: Schematische Darstellung der stationären Betriebsweise der modifizierten Wicke-Kallenbach-Zelle

4.1.5 Fazit

In diesem Abschnitt wurden die verwendeten Methoden zur Herstellung und Modifizierung der verwendeten Glasmembranen beschrieben. Des Weiteren wurden die Charakterisierung der Porenstruktur und der Oberflächenchemie dargestellt und die Ergebnisse dieser Untersuchungen gezeigt.

Im folgenden Abschnitt sollen diese Ergebnisse ausgewertet, diskutiert und mit vorhandenen Literaturwerten verglichen werden. Weiterhin werden die Auswirkungen der Modifizierung auf den Adsorptions- und Stofftransportprozess gezeigt und analysiert.

[1] E.-U. Schlünder, J. Yang, A. Seidel-Morgenstern, Competitive diffusion and adsorption in Vycor glass membranes – a lumped parameter approach, Catal. Today, 2006, 118, 113.

[2] T. Loimer, P. Uchytil, R. Petrickovic, K. Setnickova, The flow of butane and isobutane vapors near saturation through porous Vycor glass membranes, J. Membr. Sci., 2011, 383 (1-2), 104.

[3] V. Zelenak, M. Badanicova, D. Halamova, J. Cejka, A. Zukal, N. Murafa, G. Goerigk, Amine-modified ordered mesoporous silica: Effect of pore size on carbon dioxide capture, Chem. Eng. J., 2008, 144, 336.

[4] S. Brunauer, P. H. Emmet, E. Teller, Adsorption of gases in multimolecular layers, J. Am. Chem. Soc., 1938, 60, 309.

[5] J. Rouquerol, P. Llewellyn, F. Rouquerol, Is the BET equation applicable to microporous adsorbents?, Stud. Surf. Sci. Catal., 2007, 160, 49.

[6] T. Keii, T. Tagaki, S. Kanataka, A new plotting of the BET method, Anal. Chem., 1961, 33, 1965.

[7] E. P. Barrett, L. G. Joyner, P. P. Halenda, The determination of pore volume and are distribution in porous substances. I. Computations from nitrogen isotherms, J. Am. Chem. Soc., 1951, 73, 373.

[8] P. I. Ravikovitch, G. L. Haller, A. V. Neimark, Density functional theory model for calculating pore size distributions: pore structure of nanoporous catalysts, Adv. Colloid Interface Sci., 1998, 76-77, 203.

[9] P. I. Ravikovitch, A. V. Neimark, Chracterization of micro- and mesoporosity in SBA-15 materials from adsorption data by the NLDFT method, J. Phys. Chem. B, 2001, 105, 6817.

[10] J. H. De Boer, J. M. Vleeskens, Chemisorption and physical adsorption of water on silica. III. Influence of heat and of water on pore volume and on surface area, Ned. Akad. Wed. Proc. Ser., 1957, 60, 234.

[11] A. Markovic, D. Stoltenberg, D. Enke, E.-U. Schlünder, A. Seidel-Morgenstern, Gas permeation through porous glass membranes Part I. Mesoporous glasses – effect of pore diameter and surface properties, J. Membr. Sci., 2009, 336, 17.

4.2 Einfluss der Oberflächenmodifikationen auf die Stofftransporteigenschaften der porösen Glasmembranen

In diesem Abschnitt sollen zunächst die Ergebnisse der verschiedenen Charakterisierungen der Glasmembranen ausgewertet und im Kontext der in der Literatur veröffentlichten Ergebnisse für andere Trägersysteme diskutiert werden. Durch die detaillierte Untersuchung der Membranen werden die Grundlagen für die anschließende Beschreibung des Stofftransportes gelegt. Der Fokus der Charakterisierungen liegt dabei vor allem auf den durch die Modifizierung verursachten Veränderungen in der Porenstruktur und der Oberflächenchemie. Somit soll sowohl die erwünschte Immobilisierung von Amin-Gruppen auf der Oberfläche verifiziert als auch die für den Stofftransport elementaren Veränderungen des Porennetzwerkes betrachtet werden.

Im Anschluss werden die Ergebnisse der Gleichgewichtsadsorption der Einzelgase des Modellsystems analysiert. Die gezielte Beeinflussung der Adsorption eines der Gase des Modellsystems ist die Grundlage eines möglichen Trennprozesses.

Der Stofftransport der Einzelgase wird mithilfe von instationären Messungen analysiert und ausgewertet. Die gewonnenen Parameter der Charakterisierungen sollen hier zur Beschreibung des Transportprozesses eingesetzt werden. Die membrangestützte Trennung der Gase Kohlenstoffdioxid und Propan wird anhand der stationären Betriebsweise der Diffusionszelle untersucht. Das Verhalten der Membranen kann dabei direkt auf die Auswirkungen der Oberflächenmodifizierung zurückgeführt werden. Dies soll genutzt werden, um die Modifizierung der Oberfläche zu evaluieren und weitere Ansätze aufzuzeigen.

4.2.1 Charakterisierung der Membranen

4.2.1.1 Stickstoff-Tieftemperatur-Adsorption

Die Stickstoff-Tieftemperatur-Adsorption wurde zum einen zur Charakterisierung der Membranen genutzt, um die für die Beschreibung des Stofftransportes relevanten Strukturdaten wie den mittleren Porendurchmesser, die spezifische Oberfläche und die Porosität zu bestimmen. Zum anderen sind die Änderungen dieser strukturellen Eigenschaften, die durch die Modifizierung hervorgerufen werden, ein Indiz für den Erfolg der Immobilisierung der Silane an der Oberfläche, sie können jedoch auch ungewollte Effekte wie ein „Verstopfen" der Poren durch Polymerisation anzeigen.

Die gemessenen Isothermen der Membranen sind gemäß der IUPAC-Empfehlung[1] als Isothermen des Typs IV zu klassifizieren. Dies ist ein sicheres Zeichen für den mesoporösen Charakter der porösen Glasmembranen. Weiterhin ist für alle Membranen eine Hystereschleife des Typs H2 zu erkennen, deren Schließungspunkt bei einem p/p_0-Wert von etwa 0,42 liegt. Dieses Verhalten ist für ungeordnete mesoporöse Feststoffe typisch und kann durch Netzwerkeffekte und die Instabilität der kondensierten Phase erklärt werden[2]. Die gemessenen Desorptionszweige der Membranen sind zudem durch zwei Stufen gekennzeichnet, was auf eine gleichzeitige Anwesenheit offener und blockierter Mesoporen hinweisen kann[3]. Eine mögliche Erklärung hierfür sind eventuelle Reste kolloidalen Silikagels in den Poren der Membranen. Es wird bereits anhand der Isothermen deutlich, dass die unmodifizierten Membranen zwar eine sehr ähnliche, aber trotz des analogen Syntheseweges keine identische Porenstruktur aufweisen. Im Folgenden werden daher zunächst die beiden unmodifizierten Membranen genauer betrachtet.

Während die mittels BET-Analyse ermittelten spezifischen Oberflächen beider Membranen mit 142 und 147 m^2g^{-1} nahezu identische Werte annehmen, unterscheiden sich die Porenvolumina mit 0,181 und 0,212 cm^3g^{-1} deutlich. Daraus resultieren auch die Unterschiede in der Porosität und in dem nach Gleichung 4-1 errechneten Porendurchmesser. Für eine genauere Analyse der Porenstruktur wurden die Porengrößenverteilungen mittels NLDFT[4,5] und BJH[6] berechnet. Durch die ausgeprägte H2-Hysterese ist die Auswertung der Desorptionszweige der Isothermen durch ein Artefakt bei einem Porendurchmesser von etwa 5 nm (NLDFT) bzw. 4 nm (BJH) gekennzeichnet. Diese Artefakte spiegeln keine real existierenden Poren wider, sondern sind ausschließlich auf so genannte „pore blocking"-Effekte bzw. Kavitation zurückzuführen[7]. Daher wird im Folgenden auf Grundlage der Porengrößenverteilungen aus den Adsorptionszweigen der Isothermen argumentiert. Während die durch NLDFT berechneten mittleren Porendurchmesser der beiden unmodifizierten Membranen identisch sind, weichen die Werte der BJH-Analyse stark voneinander ab. Zur Klärung dieser Differenzen sind die Porengrößenverteilungen in Abbildung 4-9 dargestellt.

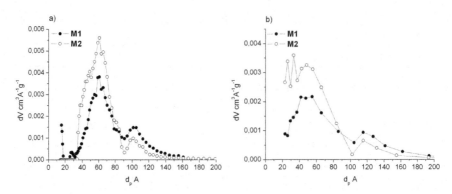

**Abbildung 4-9: Porengrößenverteilungen aus den Adsorptionszweigen der Isothermen der
unmodifizierten Membranen a) NLDFT b) BJH**

In beiden Auswertungen sind für beide Membranen jeweils zwei Maxima in
der Porengrößenverteilung erkennbar. Das erste Maximum liegt zwischen 3 und
9 nm, das zweite zwischen 10 und 14 nm. Der häufigste Porendurchmesser ist für
beide Membranen 6 nm (NLDFT) bzw. 5 nm (BJH). Die Membran M2 weist
deutlich mehr Porenvolumen in Poren zwischen 3 und 9 nm auf, während die
Membran M1 mehr Porenvolumen zwischen 10 und 14 nm zeigt. Die Differenz in
den mittleren Porendurchmessern der BJH-Verteilung ist darauf zurückzuführen,
dass für Membran M2 hier zusätzlich Poren mit Durchmessern kleiner 3 nm
errechnet wurden.

Durch die Modifikation der Oberflächen wurden die Porenstrukturen der
Membranen unterschiedlich stark beeinflusst. Zunächst soll auf die Effekte der
Modifizierung mit γ-Aminopropyltriethoxysilan eingegangen werden. Im
Anschluss werden die Veränderungen durch das wesentlich längere 3-[2-(2-
Aminoethylamino)ethylamino]propyltrimethoxysilan diskutiert.

Der Vergleich der Isothermen der Membran vor der Modifizierung (M1) und
nach der Modifizierung mit γ-Aminopropyltriethoxysilan (M3) zeigt einen sehr
ähnlichen Verlauf. Auch die Isotherme der modifizierten Membran ist als Typ IV
Isotherme mit einer H2-Hysterese zu kennzeichnen. Augenscheinlich ist vor allem
das gegenüber Membran M1 deutlich geringere Porenvolumen der modifizierten
Membran M3 von 0,147 cm^{3}g^{-1} (M1: 0,181 cm^{3}g^{-1}). Auch die spezifische
Oberfläche ist mit 72 m^{2}g^{-1} wesentlich verringert worden. Beide Werte zeigen
damit deutlich die Veränderung der Porenstruktur durch das Einbringen der Silane.
Diese Reduktion ist sowohl qualitativ als auch quantitativ mit den in der Literatur
für Vergleichssysteme angegebenen Werten übereinstimmend.[8,9] Der direkte
Vergleich der mittleren Porendurchmesser zeigt jedoch keine Veränderung
(NLDFT) oder gar eine Vergrößerung des mittleren Porendurchmessers durch die

Behandlung (BJH, $4V_P/O_S$). Eine Gegenüberstellung der Porengrößenverteilungen
der Membranen ist in Abbildung 4-10 gegeben.

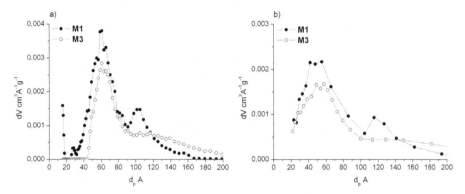

**Abbildung 4-10: Porengrößenverteilungen aus den Adsorptionszweigen der Isothermen der
Membranen vor der Modifizierung (M1) und nach der Modifizierung mit γ-
Aminopropyltriethoxysilan (M3) a) NLDFT b) BJH**

Die Porengrößenverteilungen zeigen, dass durch die Modifizierung vor
allem das Volumen in den kleineren Poren reduziert wurde. Die Verteilungskurve
der modifizierten Membran M3 ist etwas enger und im Vergleich zur
unmodifizierten Membran M1 leicht zu größeren Porendurchmessern verschoben.
Das kann damit erklärt werden, dass Poren mit kleinerem Durchmesser durch die
Einbringung des Silans leicht vollständig verschlossen werden können, während
die Silane in größeren Poren nur eine leichte Verringerung des Durchmessers
bewirken. Als Konsequenz bleibt der mittlere Porendurchmesser unverändert oder
steigt an. Nahezu unveränderte mittlere Porendurchmesser nach einer Modifikation
mit γ-Aminopropyltriethoxysilan wurden in der Literatur unter anderem auch von
Chi et al.[10] und Guerrero et al.[11] für die Modifizierung von SBA-15, sowie von
Knowles et al.[12] für Silikagel beschrieben. Größere Verringerungen des
Porendurchmessers bis hin zur Maskierung der Porenstruktur werden unter
anderem von Kim et al.[13] und Zelenak et al.[14] für MCM-48 und von Mello et al.[15]
für MCM-41 berichtet. Hier wird zumeist eine Polymerisation des Silans in den
Poren oder die Blockade der Poreneingänge als Ursache angenommen.

Für die Modifizierung der Membran M2 mit 3-[2-(2-
Aminoethylamino)ethylamino]propyltrimethoxysilan (M4) zeigen sich dieselben
Effekte. Ingesamt sind die Veränderungen in der Porenstruktur aber wesentlich
ausgeprägter. Die Klassifizierung der Isotherme ist nach der Modifizierung
unverändert, jedoch nehmen das Porenvolumen mit $0,086 \, cm^3 g^{-1}$ sowie die
spezifische Oberfläche mit $58 \, m^2 g^{-1}$ stark verringerte Werte gegenüber der
unmodifizierten Membran M2 an. Die errechneten mittleren Porendurchmesser

zeigen erneut ein uneinheitliches Bild. Der mittels NLDFT bestimmte mittlere Porendurchmesser sinkt von 6,1 nm (M2) auf 5,3 nm ab, während der nach BJH errechnete Wert von 3,3 auf 4,3 nm ansteigt. Die entsprechenden Verteilungen sind in Abbildung 4-11 abgebildet.

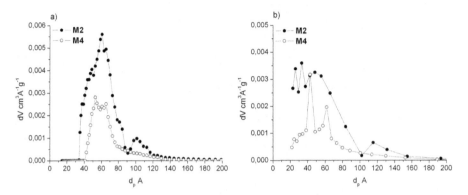

Abbildung 4-11: Porengrößenverteilungen aus den Adsorptionszweigen der Isothermen der Membranen vor der Modifizierung (M2) und nach der Modifizierung mit 3-[2-(2-Aminoethylamino)ethylamino]propyltrimethoxysilan (M4) a) NLDFT b) BJH

In den Porengrößenverteilungen der Membranen M2 und M4 spiegeln sich dieselben Tendenzen wider, die in der ersten Modifizierung beschrieben wurden. Die Poren kleineren Porendurchmessers werden durch die Behandlung verschlossen, während die größeren Poren an Durchmesser verlieren. Diese Effekte sind durch die größere Kettenlänge des eingebrachten 3-[2-(2-Aminoethylamino)ethylamino]propyltrimethoxysilans noch verstärkt worden. So zeigt die NLDFT-Analyse für die Membran M4 eine sehr enge Porenverteilung zwischen 4 und 7,5 nm. Die BJH-Verteilung der modifizierten Membran M4 ist durch zwei Maxima bei 4 nm und 6 nm bestimmt, die eine bimodale Porenverteilung nahe legen. Da die Verteilung mittels NLDFT diesen Fund nicht unterstützt und die Entstehung einer bimodalen Verteilung durch eine gleichmäßige Modifizierung nicht plausibel erscheint, werden diese Maxima als „Artefakte" angesehen. Davon abgesehen zeigt auch die BJH-Verteilung ein deutlich geringeres Porenvolumen und eine Verengung der Porenverteilung. Beispiele für die Abhängigkeit der Porengröße modifizierter Materialien von der Kettenlänge der eingebrachten Silane sind in der Literatur belegt. Kimura et al.[16] konnten eine systematische Verringerung des Porenvolumens sowie der spezifischen Oberfläche mit der Immobilisierung von Silanen mit Methyl-, Butyl- und Octylketten nachweisen. Jaroniec et al. nutzen diesen Effekt, um den Porendurchmesser in einem engen Bereich gezielt zu variieren.[17,18] Für die hier verwendeten Aminoorganosilane wurden die Auswirkungen der Kettenlänge auf die Mikrostruktur der Träger von Zhang et al.[19] und Hiyoshi et al.[20] untersucht. Diese

Untersuchungen stützen die hier vorgestellten Ergebnisse. Auffallend ist weiterhin, dass die Unterschiede in den mittleren Porendurchmessern trotz teils erheblicher Reduktion des Porenvolumens und der Oberfläche sehr gering sind.[21]

Die Effekte der durchgeführten Oberflächenmodifizierungen auf die Porenstruktur der Membranen sind durch die Stickstoff-Tieftemperatur-Adsorption deutlich nachweisbar. Die mesoporöse Struktur konnte in weiten Teilen erhalten werden. Jedoch wurden trotz der geringen Konzentration der Silane während der Modifikation sowohl die spezifische Oberfläche also auch das Porenvolumen reduziert. Da beide Parameter für die Adsorptions- und Stofftransportprozesse ausschlaggebend sind, muss deren Veränderung bei der Bewertung der Modifikation beachtet werden. Die unterschiedlich starke Reduktion dieser Parameter als auch des Porendurchmessers der verbleibenden Porenstruktur, kann auf die Kettenlänge der immobilisierten Silane zurückgeführt werden.

4.2.1.2 Thermogravimetrie / Differenzkalorimetrie

Die thermogravimetrische Untersuchung der unmodifizierten Membranen charakterisiert die Oberflächenchemie der porösen Gläser und damit die Voraussetzung für eine erfolgreiche Immobilisierung der eingesetzten Aminoorganosilane. Des Weiteren gibt die Hydroxylgruppendichte die Polarität der Oberfläche der unmodifizierten Membranen an. Da die Hydroxylgruppen zudem als bevorzugte Adsorptionsstellen angesehen werden[22], ist deren Konzentration ein wertvoller Parameter zur Auswertung der Adsorptionsuntersuchungen.

Die gemessenen Hydroxylgruppendichten von 9,1 (M1) und 9,3 nm^{-2} (M2) sind größer als die von Zhuravlev[23] festgelegte maximale Gesamtzahl der Hydroxylgruppen auf porösen Silikaten, jedoch im Bereich der für poröse Gläser gefundenen Werte.[24] Die Hydroxylgruppendichten und damit die Oberflächenchemie beider Membranen sind aufgrund der identischen Herstellungsbedingungen sehr ähnlich. Die Oberfläche der unmodifizierten Membranen kann damit als verhältnismäßig polar angesehen werden. Die parallel aufgenommene Kalorimetrie zeigt eine endotherme Wärmetönung bis etwa 350 °C, was auf die Kondensation von vicinalen Hydroxylgruppen, das heißt eine Bildung von Siloxangruppen, deutet. Im weiteren Temperaturverlauf zeigt sich eine Wärmetönung nahe Null.

Die modifizierten Membranen wurden auf dieselbe Weise untersucht. Es ist zu erwarten, dass bei hohen Temperaturen neben der Kondensation verbliebener

Hydroxylgruppen auch eine Zersetzung der eingebrachten organischen Ketten stattfindet. Ein im Vergleich zu den unmodifizierten Membranen hoher Gewichtsverlust ist daher ein erster Hinweis auf eine erfolgreiche Anbindung der Silane. Da die hergestellten Membranen auch bei höheren Temperaturen verwendet werden sollen, ist zudem eine Untersuchung der Temperaturstabilität nötig.

Eine Analyse des Gewichtsverlustes der modifizierten Membranen mit ansteigender Temperatur zeigt deutliche Unterschiede zu den unmodifizierten Membranen. Der Gewichtsverlust bis 180 °C ist bei den modifizierten Membranen wesentlich geringer als bei den unmodifizierten Membranen. Da in diesem Temperaturbereich das physisorbierte Wasser entfernt wird, ist dies ein Zeichen dafür, dass die Oberfläche der modifizierten Membranen hydrophober ist als die der unmodifizierten Membranen. Im Temperaturbereich über 180 °C verlieren die modifizierten Membranen durch die Pyrolyse der organischen Gruppen wesentlich mehr Masse als die unmodifizierten Membranen. Da in diesem Temperaturbereich jedoch auch die Kondensation der Hydroxylgruppen stattfindet, ist eine Unterscheidung zwischen diesen Prozessen anhand des Gewichtsverlustes nicht möglich. Ausgehend von einer vollständigen Kondensation der Silane mit den Oberflächenhydroxylgruppen ist der auftretende Masseverlust der modifizierten Membranen ab 180 °C ausschließlich auf die Pyrolyse der Aminoalkyl-Ketten zurückzuführen. Dementsprechend ergibt sich die Konzentration der Silane zu 0,66 (M3) bzw. 0,34 mmol g^{-1} (M4). Da diese Annahmen nur einen idealen Grenzfall darstellen, wird die Zersetzung der organischen Ketten im weiteren Verlauf mittels Elementaranalyse genauer untersucht.

Die Kalorimetrie zeigt für die modifizierten Membranen eine exotherme Wärmetönung zwischen 200 und 400 °C. Dies wird in der Literatur der Zersetzung der Aminogruppen und der organischen Ketten zugeschrieben.[25,26] Weiterhin zeigen die Ergebnisse eine weitestgehende Temperaturstabilität bis etwa 200 °C.[27] Eine Zersetzung der Oberflächenmodifikation bei den für die folgenden experimentellen Untersuchungen verwendeten Temperaturen ist demnach nicht zu erwarten.

4.2.1.3 Röntgen-Photoelektronenspektroskopie (XPS)

Der Erfolg der Umsetzung der Hydroxylgruppen auf der Oberfläche der Membranen mit den eingesetzten siliziumorganischen Verbindungen wurde mit Hilfe der Röntgen-Photoelektronenspektroskopie untersucht. Hierzu wurden Membranen sowohl vor (M2) als auch nach der Modifizierung (M4) untersucht. Bei erfolgreicher Modifizierung der Oberfläche sollten die elementaren Bestandteile der siliziumorganischen Verbindung, die auf einer unbehandelten

Membran eine untergeordnete Rolle spielen (Kohlenstoff und Stickstoff), auf der modifizierten Oberfläche detektierbar sein.

Röntgen-Photoelektronenspektroskopie ist eine nicht-destruktive Analyse der Oberfläche. Sie beruht auf der Ausnutzung des äußeren Photoeffektes. Die Probe wird hierbei im Vakuum mit Photonen bestrahlt. Die Photonen können an der Oberfläche der Probe Elektronen anregen, so dass diese als Photoelektronen mit einer charakteristischen Energie aus den jeweiligen Orbitalen austreten und detektiert werden können. Aus der Energie der austretenden Photoelektronen kann dann auf ihr Ursprungsorbital und somit auf die elementare Zusammensetzung der Probe geschlossen werden. Da die angeregten Elektronen vor dem Verlassen der Oberfläche der Probe unelastischen Zusammenstößen mit anderen Elektronen ausgesetzt sein können, ist die Sensitivität dieser Methode durch die mittlere freie Weglänge der angeregten Elektronen[28] beschränkt und nimmt mit wachsender Eindringtiefe exponentiell ab.[21]

Die Informationstiefe für die Analyse der elementaren Oberflächenzusammensetzung betrug bei den hier vorgestellten Ergebnissen etwa 5 nm. Alle Energien wurden auf Kohlenstoff als interner Probenstandard normiert. Die Abweichungen zu dem Referenzwert aus der Literatur[29] für reines SiO_2 von 103,4 eV kann durch die aufgetretenen Aufladungen der Proben erklärt werden. Insgesamt waren die Aufladungserscheinungen während der Messungen, trotz der Versuche diese zu minimieren, relativ hoch. Die Bindungsenergiewerte für die gemessenen Si 2p-Signale zwischen ca. 103,0 eV und 102,4 eV deuten auf eine Oxidationsstufe des Si von +4 hin.

Die Oberfläche der unmodifizierten Membranen besteht nach diesen Messungen nahezu vollständig aus Siliziumdioxid mit einem kleinen Anteil an Kohlenstoff als Verunreinigung.[30] Weiterhin konnte auf der Oberfläche der porösen Glasmembranen kein Bor detektiert werden. Das bedeutet, dass die boratreiche Phase während der sauren Extraktion vollständig von der Oberfläche entfernt wurde. Die Konzentration der Boranol-Gruppen auf der Oberfläche liegt unterhalb der Detektionsgrenze von 0,5 %. Diese sehr niedrige Konzentration ist in Übereinstimmung mit der Literatur.[31] Ein größerer Einfluss von Boranol-Gruppen auf die Modifizierung der Oberfläche oder auf die Wechselwirkungen der eingebrachten siliziumorganischen Verbindungen mit den jeweiligen Testgasen ist damit unwahrscheinlich.

Nach der Modifikation der porösen Glasmembranen wurden kleinere Anteile von Silizium und Sauerstoff auf der Oberfläche gemessen. Da die siliziumorganischen Verbindungen, die zur Modifikation genutzt wurden, ebenfalls Silizium und Sauerstoff enthalten und die Informationstiefe von 5 nm größer sein sollte als die Schichtdicke der aufgebrachten Modifizierung, wurden diese Signale nicht vollkommen maskiert. Die stark erhöhten Anteile an Kohlenstoff und Stickstoff zeigen eine deutliche Veränderung der Oberflächenchemie durch die durchgeführte Modifizierung.[32] Der Vergleich der Anteile von Kohlenstoff und Stickstoff auf der Oberfläche zeigt jedoch auch einen höheren Kohlenstoff-Gehalt als aufgrund der eingebrachten 3-[2-(2-Aminoethylamino)ethylamino]propyl-Kette zu erwarten war. Eine mögliche Erklärung ist das Vorhandensein nicht umgesetzter Methoxy-Reste. Der gefundene Stickstoff-Gehalt auf der modifizierten Membran ist in Übereinstimmung mit den in der Literatur veröffentlichten Ergebnissen.[33,34] Kallury et al.[33] fanden für Silikagele nach der Umsetzung mit γ-Aminopropyltriethoxysilan etwas geringere Anteile an Stickstoff und Kohlenstoff, was mit der kürzeren Kettenlänge des Silans erklärt werden kann. Jang et al.[34] zeigen für die Immobilisierung von (tris-2-Aminoethylamino)propyltrimethoxysilan auf aktiviertem Kohlenstoff einen Stickstoffgehalt von 5 %. Das verwendete Silan beinhaltet jedoch 4 Stickstoff-Atome pro Silanmolekül. Des Weiteren sind die Werte für die anderen Elemente aufgrund des Kohlenstoffträgers nicht vergleichbar.

Da für die modifizierten Membranen anhand der Messergebnisse nicht zwischen dem Si-Signal des Glases und dem Si-Signal der aufgebrachten siliziumorganischen Verbindung unterschieden werden konnte, war eine Analyse der Schichtdicke der aufgebrachten Modifizierung nicht möglich. Eine Aussage darüber, ob die eingesetzten Silane nur mit der Oberfläche reagiert haben oder ob zusätzlich dazu auch eine Polymerisation stattgefunden hat, kann anhand dieser Messergebnisse ebenfalls nicht getroffen werden. Zudem sind die Resultate auf die äußere Oberfläche der Membranen beschränkt. Eine Messung der inneren Oberfläche und somit der Porenstruktur war nicht möglich.

4.2.1.4 Elementaranalyse

Für eine quantifizierbare Aussage über die Umsetzung der Oberflächenhydroxylgruppen mit den eingebrachten Silanen sowie über die Anzahl und Dichte der Amingruppen auf der modifizierten Oberfläche wurden die Membranen mittels Elementaranalyse auf ihre chemische Zusammensetzung geprüft.

Mit den erhaltenen Werten wurde die Konzentration der verwendeten Silane auf der Oberfläche der Membranen ermittelt. Da die unmodifizierten Membranen teilweise bereits Kohlenstoff als Verunreinigung beinhalten und aufgrund einer möglicherweise unvollständigen Reaktion der Silane mit der Oberfläche der Membranen die Präsenz von nicht umgesetzten Alkanol-Gruppen nicht ausgeschlossen werden kann, wurde der Gehalt an Stickstoff als Referenz für die Oberflächenkonzentration wie folgt genutzt:

$$c_S = \frac{m_N}{n_N M_N O_S}.$$ (4-7)

Tabelle 4-7 zeigt die mit dieser Formulierung erhaltenen Oberflächenkonzentrationen der Silane auf den modifizierten Membranen.

Tabelle 4-7: Oberflächenkonzentration der Silane auf den modifizierten Membranen nach Gleichung 4-7

Membran	Silankonzentration, mmol g^{-1}	Oberflächenkonzentration, µmol m^{-2}	Silandichte, nm^{-2}
M3	0,36	2,50	1,51
M4	0,15	1,02	0,62

Die Oberflächenkonzentrationen wurden jeweils mit Bezug auf die spezifische Oberfläche der unmodifizierten Membranen (M1, M2) errechnet.

Es zeigt sich, dass für beide eingesetzten Silane die erzielte Oberflächenkonzentration deutlich geringer ist als die Konzentration der Oberflächenhydroxylgruppen. Für Membran M3 ergibt sich ein Verhältnis von einem Silan-Molekül pro 6 Oberflächenhydroxylgruppen und für Membran M4 pro 15 Hydroxylgruppen. Dies kann zum einen damit erklärt werden, dass die verwendeten Aminoorganosilane an mehreren Hydroxylgruppen gleichzeitig binden können. Zum anderen können sterische Effekte in der vergleichsweise engen Porenstruktur sowie die Interaktion der Amin-Gruppen mit den Oberflächenhydroxylgruppen[35] für die geringe Oberflächenkonzentration verantwortlich sein. Insgesamt liegen die beobachteten Werte jedoch nahe an den Referenzwerten in der Literatur. Zelenak et al.[14] haben für die Modifikation von MCM-41 und SBA-12 mit γ-Aminopropyltriethoxysilan Dichten von 1,1 bzw. 1,2 nm^{-2} gemessen. Nur in den größeren Poren des SBA-15 wurde eine Silan-Dichte von 2,4 nm^{-2} nachgewiesen. Kim et al.[13] fanden für MCM-48 eine Dichte von 1,1 nm^{-2}. Janowski et al.[35] weisen für poröses Glas höhere Oberflächenkonzentrationen nach, nutzen jedoch größere Poren und gehen zudem

von einer Polymerisation des Silans aus. Weitere Studien fanden ähnliche
Werte.[36,37]

Ein zusätzlicher Unterschied zwischen der vorliegenden und den in der
Literatur veröffentlichten Studien ist die makroskopische Geometrie der
modifizierten Träger. Während in den veröffentlichten Studien zumeist
pulverförmige oder gemahlene Träger untersucht wurden, behandelt diese Arbeit
einen monolithischen Träger. Die äußere Oberfläche der hier untersuchten
Membranen ist also wesentlich geringer und dem Transportprozess der Silane
durch das poröse Netzwerk kommt eine höhere Bedeutung zu. Das erhöht zudem
die Bedeutung sterischer Effekte wie z.B. das Verschließen einer Pore durch ein
immobilisiertes Silan-Molekül am Eingang der Pore.

Für die Membran M4 wurde mit 0,62 nm^{-2} eine geringere Silan-Dichte
festgestellt, was mit der größeren Kettenlänge und dem damit erhöhten Platzbedarf
des verwendeten Silans erklärt werden kann. Auch die Studien von Bollini et al.[38]
und Heydari-Gorji et al.[39] belegen eine niedrigere Silan-Dichte bei ansteigender
Kettenlänge der Aminoorganosilane. Zelenak et al.[40] weisen diesen Effekt auch für
Phenyl-substituierte Aminoorganosilane nach, was ein weiterer Hinweis auf
sterische Wechselwirkungen als Grund für die geringere Silan-Dichte ist. Trotzdem
ist die Anzahl der Amin-Gruppen auf der Oberfläche der Membran M4 größer als
auf der Membran M3, da jedes auf dieser Membran immobilisierte
Aminoorganosilan 3 Amingruppen enthält. So kann die Amin-Dichte der Membran
M4 mit 1,86 nm^{-2} angegeben werden.

Die Relationen zwischen den gefundenen Werten für Kohlenstoff und
Stickstoff zeigen in Analogie zu den XPS-Untersuchungen, dass die eingebrachten
Silane nicht vollständig mit den Hydroxylgruppen der Oberfläche der Membranen
reagiert haben. Der im Vergleich zum Stickstoffgehalt erhöhte Kohlenstoffanteil ist
mit verbliebenen Alkanol-Gruppen an den Silanen zu erklären.[31]

4.2.2   Adsorptionsgleichgewichtsmessungen

Da aufgrund der gleichen Molekulargewichte der Gase Kohlenstoffdioxid und
Propan keine Trenneffekte durch den Stofftransport in der Gasphase zu erwarten
sind, spielt die Adsorption der beiden Gase auf der Oberfläche eine herausragende
Rolle. Die Gleichgewichts-Adsorptionskapazitäten (Gleichung 4-3) der
Membranen wurden in der in Abschnitt 4.1.3 beschriebenen Versuchsanlage
experimentell für beide Gase mittels eines volumetrischen Ansatzes ermittelt. Die

Ergebnisse für Temperaturen von 20, 50 und 80 °C sind in Abbildung 4-12
dargestellt. Die gemessenen Rohdaten sind im Anhang dieser Arbeit gegeben.

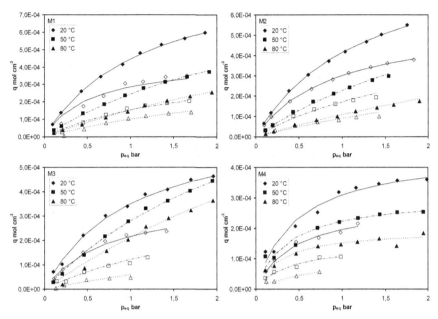

**Abbildung 4-12: Adsorptionsisothermen (Gleichung 4-3) von CO_2 und C_3H_8 auf den
verwendeten Membranen bei 20, 50 und 80 °C (gefüllte Symbole kennzeichnen die
Adsorption von Kohlenstoffdioxid, offene Symbole Propan, Linien die jeweiligen Langmuir-
Isothermen nach Gleichung 2-1)**

Die Adsorptionsisothermen für die beiden unmodifizierten Membranen sind
nahezu identisch. Beide adsorbieren Kohlenstoffdioxid stärker als Propan, was auf
die vergleichsweise polaren Oberflächen der Membranen zurückzuführen ist. Die
Adsorptionskapazitäten für CO_2 unterscheiden sich leicht, wobei Membran M1
höhere Kapazitäten aufweist.

Durch die Modifizierung der Oberfläche der Membran M1 mit γ-
Aminopropyltriethoxysilan (M3) verändern sich die Adsorptionskapazitäten für
beide Gase deutlich. Die Kapazitäten für Propan wurden unabhängig von der
Messtemperatur um 30 % verringert, was mit der Reduktion der spezifischen
Oberfläche erklärbar ist. Für die Adsorption von Kohlenstoffdioxid ergibt sich ein
uneinheitliches Bild. Bei 20 °C sinkt die Adsorptionskapazität um 20 %, während
sie bei 50 °C und 80 °C trotz der geringeren Oberfläche um 15 % bzw. um 40 %
ansteigt. Insgesamt zeigt sich für die Adsorption von CO_2 auf der modifizierten
Membran zudem eine wesentlich geringere Temperaturabhängigkeit. Diese
Beobachtungen können der Bildung von Carbamaten auf der amin-modifizierten
Oberfläche zugeschrieben werden. Die Chemisorption des Kohlenstoffdioxids als

Carbamat führt zu einer festen Bindung mit sehr hohen Adsorptionsenthalpien.[15] Diese ist auch bei erhöhten Temperaturen stabil.

Für mono-amin-modifizierte Oberflächen, das heißt für Modifizierungen mit einer Amin-Gruppe pro Silan, wird davon ausgegangen, dass zwei Aminopropylketten nötig sind, um ein CO_2-Molekül mittels Carbamat-Bildung zu binden (siehe Abbildung 4-1). Das so postulierte Verhältnis von 0,5 mmol CO_2 / mmol NH_2 wurde in mehreren Studien bestätigt.[12,41] Jedoch sind die Bedingungen unter denen dieses Verhältnis gemessen wurde, wie der CO_2-Partialdruck oder die Feuchtigkeit der Gase, in den einzelnen Arbeiten sehr unterschiedlich, so dass sie nur bedingt miteinander verglichen werden können.[42] Da die Adsorption an den Amin-Gruppen und die Physisorption an restlichen Hydroxylgruppen nur schwer unterschieden werden können, werden die Isothermen zu diesem Zweck nur bei niedrigen Partialdrücken bis maximal 1 bar ausgewertet. Die hier gefundenen Werte liegen im Bereich der Literaturwerte.[41,42] Das CO_2/NH_2-Verhältnis für die hier untersuchten Membranen in Abhängigkeit vom Gleichgewichtsdruck ist in Abbildung 4-13 dargestellt.

Ein Vergleich der unmodifizierten Membran M2 mit der modifizierten Membran M4 zeigt für die Propan-Adsorption eine Verringerung der Adsorptionskapazitäten um 25 bis 30 %. Dies ist erneut mit der wesentlich geringeren spezifischen Oberfläche der modifizierten Membran zu erklären. Da die mittels Stickstoff-Tieftemperatur-Adsorption ermittelte spezifische Oberfläche der Membran durch die Modifikation jedoch um 60 % reduziert wurde, können unspezifische Wechselwirkungen zwischen der modifizierten Oberfläche und dem Propan nicht ausgeschlossen werden. Die Adsorptionsisothermen für Kohlenstoffdioxid zeigen einen vergleichsweise starken Anstieg bei Drücken bis etwa 1 bar. Bei höheren Drücken steigt die Beladung dagegen nur noch sehr langsam. Dies kann vor allem bei 20 °C als Übergang von einer Chemisorption an den Amin-Gruppen zu einer Physisorption gewertet werden.[42] Weiterhin ist die Temperaturabhängigkeit der Adsorption auf der modifizierten Membran in diesem Druckbereich weniger stark als auf der unmodifizierten Membran. Während die Adsorptionsisothermen für alle anderen Membranen bei 80 °C eine nahezu lineare Form annehmen, ergeben sich für Membran M4 durchgehend konvexe Isothermen. Im Vergleich zur unmodifizierten Membran steigt die Adsorptionskapazität damit vor allem bei höherer Temperatur und niedrigen Drücken.

Die Adsorption von Kohlenstoffdioxid an modifizierten Oberflächen mit zwei oder mehr Amin-Gruppen pro Kette wird in der Literatur mit der Bildung von intramolekularen Carbamaten erklärt.[25,43] Eine schematische Darstellung dieser

Reaktion ist in Abbildung 4-14 dargestellt. Da das verwendete 3-[2-(2-Aminoethylamino)ethylamino]propyltrimethoxysilan drei Amin-Gruppen pro Silan enthält, ist zudem eine Kombination aus inter- und intramolekularer Carbamatbildung wahrscheinlich. Das theoretische Verhältnis zwischen adsorbierten Kohlenstoffdioxid zu Amin-Gruppen bleibt davon unberührt bei 0,5 mmol CO_2 / mmol NH_2. Auch für diese Membran ist das CO_2/NH_2-Verhältnis in Abbildung 4-13 wiedergegeben.

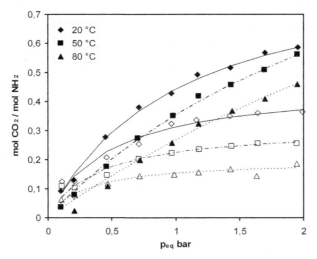

Abbildung 4-13: CO_2/NH_2-Verhältnis der Membranen M3 und M4 bei 20, 50 und 80 °C (gefüllte Symbole kennzeichnen die Membran M3, offene Symbole M4, Linien die jeweiligen Langmuir-Isothermen)

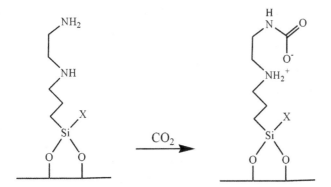

Abbildung 4-14: Mechanismus der intramolekularen Carbamat-Bildung an einer modifizierten Oberfläche[25,43]

Das Verhältnis von adsorbiertem CO_2 zur Konzentration der NH_2-Gruppen ist für die Membran M3 für alle gemessenen Temperaturen wesentlich höher als für die Membran M4. Bei einer Temperatur von 20 °C und einem Gleichgewichtsdruck von 1 bar liegt der gefundene Wert mit 0,43 mmol CO_2 / mmol NH_2 geringfügig unter dem theoretischen Wert von 0,5. Bei höheren Drücken wird dieser überschritten, was mit Physisorption erklärt werden kann. Für die Membran M4 wurden durchweg geringere Werte gefunden. Bei 20 °C und 1 bar Gleichgewichtsdruck beträgt das CO_2/NH_2-Verhältnis hier nur 0,32 und steigt mit Erhöhung des Drucks nur noch geringfügig an. Gründe hierfür können die geringere Flexibilität der im Vergleich zu M3 längeren Alkylamin-Ketten[43] oder die Ausbildung von Wasserstoffbrückenbindungen zwischen Aminen bzw. zwischen Aminen und verbleibenden Hydroxylgruppen sein[27], wodurch jeweils die Anzahl der für eine Carbamat-Bildung zur Verfügung stehender Amin-Gruppen sinkt. Eine weitere Erklärung wäre, dass sich auf der mit 3-[2-(2-Aminoethylamino)ethylamino]propyltrimethoxysilan modifizierten Oberfläche ausschließlich intramolekulare, jedoch keine intermolekularen Carbamate bilden können.[43] Dadurch wären nur 2 von 3 Amino-Gruppen pro Kette für die Carbamat-Bildung aktiv. Tatsächlich steigt das CO_2/NH_2-Verhältnis für den Fall der Vernachlässigung der 3. Amino-Gruppe bei 20 °C und 1 bar auf 0,48.

Die größere Attraktivität der modifizierten Oberflächen für die Adsorption von Kohlenstoffdioxid und Propan kann gezeigt werden, indem die Beladung in Relation zur für die Moleküle zugänglichen spezifischen Oberfläche gesetzt wird. Abbildung 4-15 zeigt jeweils die Vergleiche zwischen der Adsorption auf den unmodifizierten und den modifizierten Membranen. Es ist zu erkennen, dass bezogen auf die spezifische Oberfläche vor allem die Adsorptionskapazitäten für CO_2 aufgrund der Carbamatbildung stark angestiegen sind. Abhängig von der Temperatur steigt die Adsorptionskapazität der modifizierten Membranen für CO_2 um den Faktor 1,5 bis 2,5. Auch für die Adsorption von Propan ist nach der Modifikation ein leichter Anstieg der Kapazitäten bezogen auf die Oberfläche erkennbar. Dies zeigt, dass durch die Modifikation neben den spezifischen Wechselwirkungen zu Kohlenstoffdioxid auch unspezifische Wechselwirkungen zu Propan geschaffen wurden.

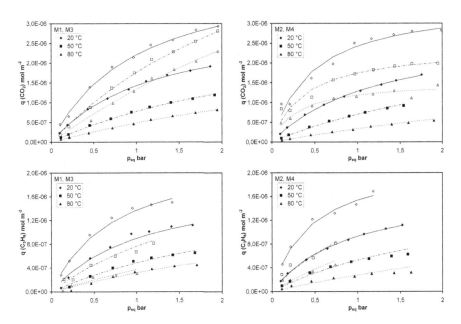

Abbildung 4-15: Adsorptionsisothermen von CO_2 (oben) und C_3H_8 (unten) bei 20, 50 und 80 °C bezogen auf die jeweilige spezifische Oberfläche der Membranen (gefüllte Symbole kennzeichnen die Adsorption auf den unmodifizierten Membranen M1 bzw. M2, offene Symbole auf den modifizierten Membranen M3 bzw. M4, Linien die jeweiligen Langmuir-Isothermen)

Die idealen Selektivitäten der Adsorption auf der Oberfläche der jeweiligen Membranen zwischen Kohlenstoffdioxid und Propan wurden aus den Adsorptionskapazitäten für die reinen Einzelgase bei verschiedenen Gleichgewichtsdrücken nach Gleichung 4-8 errechnet und sind in Abbildung 4-16 dargestellt.

$$S_{CO_2/C_3H_8}^{id,ads}(p_{eq}) = \frac{q_{CO_2}(p_{eq})}{q_{C_3H_8}(p_{eq})} \tag{4-8}$$

Für die unmodifizierten Membranen M1 und M2 ergeben sich ideale Selektivitäten $S^{id,ads}$ zwischen 1,2 und 1,5. Eine Temperaturabhängigkeit ist hier nur in geringem Maße erkennbar. Die mit γ-Aminopropyltriethoxysilan modifizierte Membran M3 zeigt bei 20 °C eine mit den unmodifizierten Membranen vergleichbare Selektivität von 1,5. Mit steigender Temperatur erhöht sich die Selektivität jedoch deutlich bis auf 3,5 bei 80 °C. Eine Abhängigkeit vom Gleichgewichtsdruck ist nicht zu erkennen. Für Membran M4 zeigt sich neben der Steigerung der idealen Selektivität mit der Temperatur eine starke Abhängigkeit vom Gleichgewichtsdruck. Die höchste gemessene Selektivität liegt hier bei 4,5 für 80 °C und 0,1 bar. Mit ansteigendem Druck verringert sich die Selektivität.

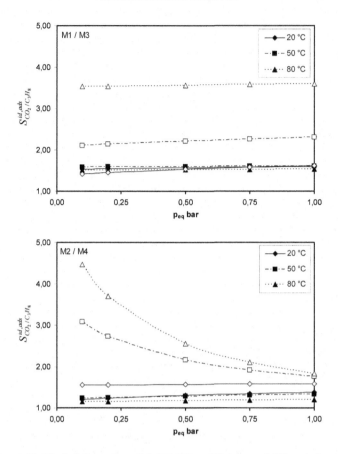

**Abbildung 4-16: ideale Adsorptions-Selektivitäten (Gleichung 2-37) zwischen CO$_2$ und
Propan bei 20, 50 und 80 °C (gefüllte Symbole kennzeichnen die unmodifizierten
Membranen M1 und M2, offene Symbole die modifizierten Membranen M3 und M4)**

Tabelle 4-8: Langmuir-Parameter (Gleichung 2-1) für die Adsorption von Kohlenstoffdioxid und Propan

Temperatur, °C	Kohlenstoffdioxid		Propan	
	q_{sat}, mol cm^{-3}	b, bar^{-1}	q_{sat}, mol cm^{-3}	b, bar^{-1}
Membran M1				
20		0,846		0,929
50	9,75E-04	0,333	5,83E-04	0,352
80		0,184		0,205
Membran M2				
20		0,810		1,13
50	9,28E-04	0,325	5,68E-04	0,432
80		0,132		0,188
Membran M3				
20	7,04E-04	0,992		1,35
50	1,14E-03	0,325	3,78E-04	0,472
80	1,52E-03	0,162		0,185
Membran M4				
20	4,52E-04	2,170		2,230
50	3,04E-04	2,720	2,84E-04	0,802
80	1,95E-04	3,470		0,412

Die gemessenen Adsorptionsisothermen (Gleichung 4-3) wurden mit Hilfe
der Langmuir-Isotherme (Gleichung 2-1) beschrieben. Die Ergebnisse sind in
Abbildung 4-12, sowie in Tabelle 4-8 dargestellt. Es wurde jeweils von einer
konstanten Sättigungsbeladung der Membranen ausgegangen. Die Langmuir-
Parameter wurden mittels der Methode der kleinsten Quadrate an die gemessenen
Werte angepasst. Für die modifizierten Membranen M3 und M4 konnte für die
Adsorption von Kohlenstoffdioxid keine konstante Sättigungsbeladung gefunden
werden. Für Membran M3 wurden mit steigender Temperatur steigende
Sättigungskonzentrationen gefunden, wohingegen die Sättigungskapazität für
Membran M4 mit der Temperatur abfiel.

Aus den ermittelten Adsorptionsisothermen wurden für alle Membranen die
Adsorptionsenthalpien bei konstanter Beladung (Gleichung 2-3) für
Kohlenstoffdioxid und Propan berechnet. Die Ergebnisse sind in Tabelle 4-9
dargestellt. Die unmodifizierten Membranen weisen eine homogene Oberfläche
auf, so dass die Adsorptionsenthalpie von der Beladung der Membran unabhängig
ist. Die modifizierten Oberflächen sind aufgrund der eingeführten Amin-Gruppen
für die CO_2-Adsorption heterogen. Die Abhängigkeit der Adsorptionsenthalpien
von der Beladung sind in Abbildung 4-17 aufgezeigt.

Trotz der sehr ähnlichen Adsorptionsisothermen der unmodifizierten
Membranen M1 und M2 unterscheiden sich die Adsorptionsenthalpien bei
konstanter Beladung um jeweils 4 kJ mol^{-1}. Die erhaltenen Ergebnisse für
Kohlenstoffdioxid und Propan sind jedoch für beide Membranen nahezu identisch.

Die gemessenen Werte für die Adsorption von CO_2 auf den modifizierten
Membranen M3 und M4 sind wesentlich geringer. Dies kann auf das begrenzte
Temperaturintervall dieser Messungen bis 80 °C zurückgeführt werden. Bei diesen
Temperaturen sind die gebildeten Carbamate so stabil, dass die bis zu diesem Punkt
gemessene Temperaturabhängigkeit der Adsorption ausschließlich durch
physisorbiertes CO_2 verursacht wird. Die für die Chemisorption von CO_2 auf
diesen Systemen in der Literatur angegebenen Werte[12,15,44,45] von -50 bis
-80 kJ mol^{-1}, die mittels einer Kombination aus Adsorptionsmessungen und
Kalorimetrie erhalten wurden, können daher mit diesen Messungen nicht bestätigt
werden. Die für die Adsorption von Propan bestimmten Adsorptionsenthalpien
zeigen hingegen nur geringe Abweichungen von denen der unmodifizierten
Membranen. Die Propan-Adsorption scheint daher von der
Oberflächenmodifizierung nur wenig beeinflusst zu werden.

Tabelle 4-9: Adsorptionsenthalpien bei konstanter Beladung (Gleichung 2-3) für Kohlenstoffdioxid und Propan

Adsorptionsenthalpie bei konstanter Beladung, kJ mol^{-1}		
Membran	Kohlenstoffdioxid	Propan
M1	-21,9	-21,8
M2	-25,9	-25,7
M3	-7,2 ... -14,4	-28,5
M4	-6,1 ... -28,7	-24,3

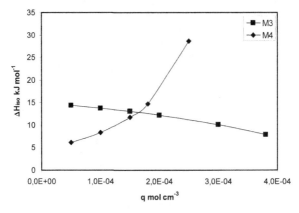

Abbildung 4-17: Abhängigkeit der Adsorptionsenthalpien (Gleichung 2-3) für CO$_2$ auf den Membranen M3 und M4 von der Beladung

Die Heterogenität der Oberfläche auch für die Physisorption zeigt sich in der Abhängigkeit der ermittelten Adsorptionsenthalpien von der Beladung. Für die Membran M3 fällt diese mit steigender Beladung leicht ab. Der ungewöhnliche Anstieg der Adsorptionsenthalpie auf der Membran M4 mit steigender Beladung kann mit den für die Desorption der Carbamate ungenügenden Messtemperaturen begründet werden. So konnten nur die schwach gebundenen CO$_2$-Moleküle nahe der Sättigungsbeladung desorbiert werden. Die Beladung bei niedrigen Drücken ist jedoch bei den hier verwendeten Temperaturen nahezu temperaturunabhängig weshalb nur eine sehr geringe Adsorptionsenthalpie bei kleinen Beladungen gemessen werden konnte.

4.2.3   Stofftransportmessungen

Der reale Stofftransport der Gase spiegelt eine Kombination aus den in diesem
Kapitel betrachteten Auswirkungen der Oberflächenmodifikationen auf die
Porenstruktur und die Oberflächenchemie wider.

Es wurden zunächst die Permeabilitäten der Einzelgase Kohlenstoffdioxid
und Propan als auch des nahezu nicht adsorbierenden Gases Stickstoff gemessen.
Die Permeabilitäten der unmodifizierten Membranen M1 und M2 als auch der
modifizierten Membranen M3 und M4 für diese drei Einzelgase sind in Abbildung
4-18 dargestellt.

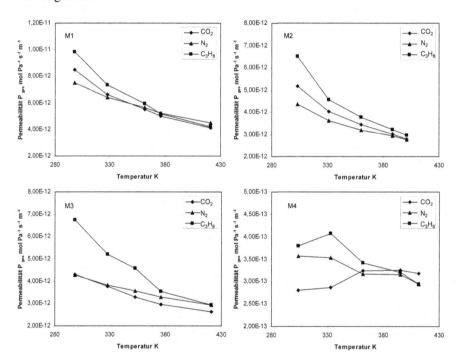

**Abbildung 4-18: Experimentell ermittelte Permeabilitäten (Gleichung 4-5) der
unmodifizierten Membranen M1 und M2 sowie der modifizierten Membranen M3 und M4
für die Einzelgase in Abhängigkeit von der Temperatur**

Für die unmodifizierten Membranen M1 und M2 ist für alle Testgase ein
Absinken der gemessenen Permeabilitäten mit steigender Temperatur zu
beobachten. Dieses Absinken ist für die adsorbierbaren Gase Kohlenstoffdioxid
und Propan in beiden Fällen noch ausgeprägter als für Stickstoff. So zeigen sowohl
CO_2 als auch C_3H_8 bei 300 K eine höhere Permeabilität als Stickstoff, sinken
jedoch bis 410 K auf eine vergleichbare Permeabilität ab. Dies kann auf einen
Oberflächendiffusionsmechanismus für die adsorbierbaren Gase zurückgeführt

werden, welcher mit ansteigender Temperatur aufgrund der verringerten
Adsorptionskapazitäten an Bedeutung verliert. Ferner ist zu erkennen, dass beide
Membranen trotz der bevorzugten Adsorption von CO_2 eine höhere Permeabilität
für Propan zeigen. Weiterhin fällt trotz der weitestgehenden Ähnlichkeit der
Porenstruktur der beiden unmodifizierten Membranen ein deutlicher Unterschied in
der Gesamtpermeabilität der einzelnen Gase auf. So ist die Permeabilität der
Membran M1 für Stickstoff unabhängig von der Messtemperatur um den Faktor 1,7
größer als die Permeabilität der Membran M2. Eine mögliche Erklärung auf Basis
der durchgeführten Porenstrukturuntersuchungen kann der größere Anteil von
Poren im Bereich zwischen 10 und 14 nm der Membran M1 darstellen. Die
geschilderten Beobachtungen sollen im Folgenden weiter untersucht werden.

Nach der Modifizierung mit γ-Aminopropyltriethoxysilan fällt die
Permeabilität der Membran M3 im Vergleich zur unmodifizierten Membran M1
deutlich ab. Für den nicht adsorbierenden Stickstoff ist die Permeabilität um den
Faktor 1,6 verringert. Dies kann mit der nach der Einbringung des Silans leicht
veränderten Porenstruktur begründet werden. Die Permeabilität für CO_2 wurde
durch die Modifikation zusätzlich abgeschwächt. Es zeigt sich bereits bei 300 K
eine mit Stickstoff vergleichbare Permeabilität, welche bis 420 K weiter absinkt.
Die für den Stofftransportmechanismus der Oberflächendiffusion charakteristische
Temperaturabhängigkeit ist nur im Ansatz zu erkennen. Der Stofftransport von CO_2
wurde damit trotz einer deutlichen Erhöhung der Adsorptionskapazitäten gerade bei
höheren Temperaturen nicht beschleunigt. Eine mögliche Erklärung ist die
Stabilität der geformten Carbamate. Das als Carbamat gebundene CO_2 verliert
damit die Mobilität auf der Oberfläche und unterdrückt den Mechanismus der
Oberflächendiffusion. Bei den in dieser Studie realisierten Temperaturen konnte
zudem keine Änderung dieses Effektes beobachtet werden. Der Transport von
Propan bleibt davon weitestgehend unberührt, da die eingeführten Silane nur
schwache und unspezifische Wechselwirkungen zum Propan eingehen können. So
wird die Permeabilität für Propan weniger stark abgeschwächt als für den nicht
adsorbierenden Stickstoff.

Bei der mit 3-[2-(2-Aminoethylamino)ethylamino]propyltrimethoxysilan
behandelten Membran M4 ist der Abfall der Permeabilität durch die Modifikation
noch stärker. Die Permeabilität von Stickstoff wurde hierbei um den Faktor 10
verringert. Dies ist in Übereinstimmung mit den Ergebnissen der
Strukturuntersuchungen, wonach Porenvolumen, spezifische Oberfläche und
Durchmesser der Poren durch die Modifikation deutlich verringert wurden. Die
Temperaturabhängigkeiten der Permeabilitäten für Stickstoff und Propan sind
annähernd identisch mit denen der unmodifizierten Membran M2. Der Verlauf der

Permeabilität von Kohlenstoffdioxid mit ansteigender Temperatur zeigt hingegen ein verändertes Verhalten. Bis 340 K ist die Permeabilität für CO_2 erneut deutlich geringer als für Stickstoff, was auf eine Unterdrückung der Oberflächendiffusion hinweist. Ab 350 K steigt die Permeabilität für CO_2 jedoch an und ist ab 400 K höher als die Permeabilitäten für Propan und Stickstoff. Dies kann mit einer Lockerung der intramolekularen Carbamatbindung bei erhöhten Temperaturen erklärt werden. Das adsorbierte Kohlenstoffdioxid ist damit wieder auf der Oberfläche mobil und kann durch eine Oberflächendiffusion transportiert werden. Diese Oberflächendiffusion findet jedoch bei Temperaturen statt, die wesentlich über denen liegen, bei denen die Oberflächendiffusion auf den unmodifizierten Membranen beobachtet wird.

Die idealen Selektivitäten $S^{id,transp}$ (Gleichung 2-39) der untersuchten Membranen, das heißt das Verhältnis der gemessenen Permeabilitäten der Einzelgase, zwischen Kohlenstoffdioxid und Stickstoff sowie zwischen Kohlenstoffdioxid und Propan sind in Abbildung 4-19 dargestellt. Zudem ist die nach dem Knudsen-Mechanismus erzielbare Selektivität S^K zwischen diesen Gasen (Gleichung 2-17, 0,8 für CO_2/N_2 bzw. 1,0 für CO_2/C_3H_8) jeweils markiert (gestrichelte Linie).

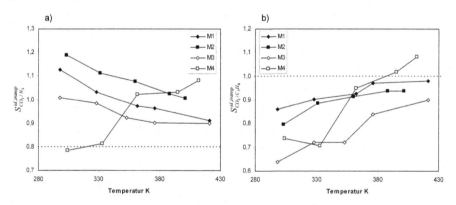

Abbildung 4-19: Ideale Selektivitäten $S^{id,transp}$ (Gleichung 2-39) der untersuchten Membranen zwischen a) CO_2/N_2 und b) CO_2/C_3H_8

Für die unmodifizierten Membranen M1 und M2 ergibt sich ein ähnlicher Verlauf. Die Selektivität zwischen CO_2 und N_2 sinkt mit ansteigender Temperatur durch die Verminderung der Konzentration adsorbierten Kohlenstoffdioxids auf der Oberfläche und damit der Verminderung der Oberflächendiffusion. Jedoch wird die theoretische Knudsen-Selektivität bei den in dieser Studie gemessenen Temperaturen nicht erreicht. Zudem zeigt sich für die Membran M2 eine durchgehend höhere Selektivität als für Membran M1. Dies kann mit der insgesamt kleineren Permeabilität dieser Membran erklärt werden. Der kleinere Anteil an

Poren zwischen 10 und 14 nm bedingt einen kleineren Anteil der Diffusion durch das Porenvolumen und erhöht damit die Bedeutung der Oberflächendiffusion für den Gesamtprozess.

Die modifizierte Membran M3 weist eine deutlich niedrigere ideale Selektivität $S^{id,transp}$ zwischen CO_2 und N_2 auf. Auch hier sinkt die Selektivität mit ansteigender Temperatur ohne jedoch auf die Knudsen-Selektivität S^K abzufallen. Die Modifikation mit γ-Aminopropyltriethoxysilan hat damit im beobachteten Temperaturintervall trotz der Erhöhung der Adsorptionskapazität für CO_2 eine negative Wirkung auf die Stofftransportselektivität.

Die Temperaturabhängigkeit der Selektivität $S^{id,transp}$ der Membran M4 ist stark verändert. Bis 350 K liegt die Selektivität auf dem theoretischen Wert für die Knudsendiffusion und damit deutlich unter der Selektivität der unmodifizierten Membran. Bei höheren Temperaturen steigt die Selektivität kontinuierlich bis auf einen Wert von 1,1 bei 410 K, was bei dieser Temperatur den höchsten gemessenen Wert darstellt. Hierin spiegelt sich der zunehmende Einfluss der durch die Chemisorption erst bei höheren Temperaturen einsetzenden Oberflächendiffusion wieder.

In der Selektivität zwischen Kohlenstoffdioxid und Propan spiegeln sich diese Effekte auf ähnliche Weise wider. Die unmodifizierten Membranen sind bei niedrigen Temperaturen selektiv für Propan. Mit ansteigender Temperatur nähert sich die Selektivität der Knudsen-Selektivität. Erneut zeigt sich, dass sich die Oberflächeneffekte bei der Membran M2 stärker auswirken.

Membran M3 weist durch die Modifizierung eine noch deutlichere Selektivität für Propan auf, welche mit steigender Temperatur abgeschwächt wird. Auch hier wirken sich die hohen Adsorptionsselektivitäten für CO_2 nicht auf den Stofftransport aus.

Für die Membran M4 findet sich eine ähnliche Temperaturabhängigkeit wieder. Jedoch nähert sich hier die Selektivität bei erhöhten Temperaturen nicht nur der Knudsen-Selektivität an, sondern überschreitet diese. Diese Selektivitäts-Umkehr ist ein Zeichen dafür, dass der Anstieg der CO_2/C_3H_8-Selektivität nicht nur auf die Abschwächung der Oberflächendiffusion von Propan, sondern zugleich auf die verstärkte Mobilität der adsorbierten CO_2-Moleküle zurückzuführen ist.

Zur genaueren Analyse der einzelnen Teilprozesse des Stofftransportes durch die modifizierten und unmodifizierten Membranen wurden die Permeabilitäten der Einzelgase wie folgt untersucht. Ausgehend von der Annahme eines Stofftransportes, der ausschließlich über die Gasphase erfolgt, kann die Permeabilität der Einzelgase (Gleichung 4-5) mit einer Überlagerung von Knudsen-Diffusion und viskosem Fluss (Gleichung 2-20) beschrieben werden:

$$P_{ges} = \frac{1}{3}\frac{\varepsilon}{\tau}d_P\sqrt{\frac{8}{\pi MRT}} + \frac{\varepsilon}{\tau}\frac{B_0}{RT}\frac{p}{\eta}.$$ (4-9)

Eine Linearisierung dieser Gleichung ermöglicht die experimentelle Bestimmung der für die Beschreibung des Stofftransportes in der Gasphase notwendigen Tortuosität des Porensystems (Gleichung 2-8) sowie der Permeabilitätskonstante (Gleichung 2-19):

$$P_{ges}R\sqrt{MT} = \frac{1}{3}\frac{\varepsilon}{\tau}d_P\sqrt{\frac{8R}{\pi}} + \frac{\varepsilon}{\tau}B_0\frac{p_{atm}+p}{2}\frac{1}{\eta}\sqrt{\frac{M}{T}}.$$ (4-10)

Abweichungen von dieser Linearisierung zeigen somit die Oberflächendiffusion als einen zusätzlich wirksamen Transportmechanismus neben dem Transport über die Gasphase an. Eine Auftragung der gemessenen Permeabilitäten ist in Abbildung 4-20 dargestellt.

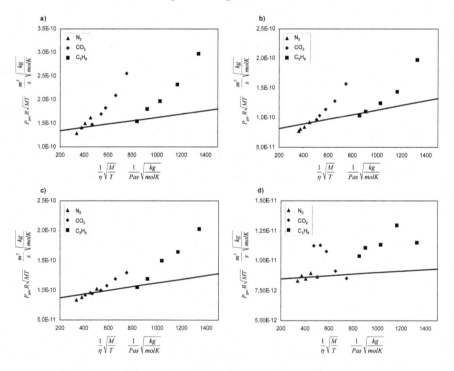

Abbildung 4-20: Auftragung der ermittelten Permeabilitäten der Einzelgase gemäß Gleichung 4-10 a) Membran M1, b) Membran M2, c) Membran M3 und d) Membran M4

Es ist zu erkennen, dass sich der Stofftransport des nicht adsorbierbaren Stickstoffs anhand dieser Linearisierung beschreiben lässt. Die auf der Oberfläche der Membranen adsorbierbaren Gase Kohlenstoffdioxid und Propan zeigen jedoch deutliche Abweichungen. So sind jeweils nur die bei den höchsten Messtemperaturen erhaltenen Permeabilitäten mit der vereinfachten Annahme des ausschließlichen Stofftransports über die Gasphase beschreibbar. Die Permeabilitäten dieser Gase hängen im weiteren Verlauf jedoch stärker von der Temperatur ab als hier vorausgesagt, was zu größeren Differenzen bei niedrigeren Temperaturen führt. Dies ist ein Hinweis auf eine zusätzliche Oberflächendiffusion. Ein abweichendes Verhalten kann im Falle des Transportes von Kohlenstoffdioxid durch Membran M4 festgestellt werden. Durch die fehlende Mobilität des adsorbierten Kohlenstoffdioxids bei niedrigen Temperaturen wird eine entgegengesetzte Temperaturabhängigkeit beobachtet. Demzufolge können mit dieser Linearisierung nicht die Permeabilitäten bei den höchsten, sondern bei den niedrigsten Messtemperaturen dargestellt werden. Die so ermittelten strukturellen Parameter sind in Tabelle 4-10 dargestellt. Als Grundlage für die Berechnung der jeweiligen Tortuosität wurde der mittlere Porendurchmesser nach BJH gewählt.

Tabelle 4-10: Experimentell ermittelte Transportparameter der Membranen nach Gleichung 4-10

Membran	Porendurchmesser [a], nm	Permeabilitätskonstante, 10^{-19} m^2	Tortuosität
M1	5,5	7,0	18,9
M2	3,3	7,9	22,0
M3	5,7	6,2	26,3
M4	4,3	0,4	135,6

a: mittlerer Porendurchmesser nach BJH, errechnet aus dem Adsorptionszweig

Ein Vergleich der Stofftransportparameter der unmodifizierten Membranen zeigt, dass Membran M2 einen höheren Anteil des viskosen Flusses am Stofftransport aufweist als Membran M1. Der Gesamttransport durch diese Membran wird jedoch aufgrund der höheren Tortuosität verringert. Für den mittleren Porendurchmesser nach NLDFT (6,1 nm) ist dieser Unterschied zwischen den Membranen noch deutlicher.

Nach der Modifizierung der Membran M1 mit γ-Aminopropyltriethoxysilan (M3) sinkt die Permeabilitätskonstante nur leicht, die Tortuosität steigt hingegen stark an. Dies kann mit der vergleichsweise geringen Änderung der Durchmesser der „größeren" Poren, in denen der viskose Fluss hauptsächlich induziert wird, erklärt werden. Da die kleineren Poren durch die Modifizierung teilweise vollständig geschlossen werden, steigt die Tortuosität im Vergleich zur unmodifizierten Membran M1 stark an.

Da die Auswirkungen der Modifikation der Membran M2 mit 3-[2-(2-Aminoethylamino)ethylamino]propyltrimethoxysilan (M4) auf die Porenstruktur der Membran wesentlich größer sind, verändern sich auch die Stofftransportparameter für den Transport durch die Poren stärker. So ist die Permeabilitätskonstante der Membran M4 im Vergleich zur unmodifizierten Membran um den Faktor 20 verringert, was nahezu einer Abwesenheit dieses Mechanismus gleich kommt. Weiterhin steigt die Tortuosität auf einen Wert größer 100. Beides sind Zeichen dafür, dass der durch die Stickstoff-Tieftemperatur-Adsorption ermittelte mittlere Porendurchmesser die Veränderungen im Porensystem nicht ausreichend wiedergibt. Da sowohl die nach BJH und NLDFT als auch der aus dem Porenvolumen und der spezifischen Oberfläche errechnete mittlere Porendurchmesser keine signifikante Änderung der Porengröße nach der Modifikation anzeigen, ist davon auszugehen, dass auf der äußeren Oberfläche der Membran eine teilweise Polymerisation stattgefunden haben könnte. Der Porendurchmesser dieser polymerisierten Schicht ist durch die Stickstoff-Tieftemperatur-Adsorption nicht nachzuweisen, übt jedoch einen hohen Einfluss auf den Stofftransport durch diese Membran aus.

Mit den gefundenen Parametern des Gasphasentransportes ist es nun möglich, den Anteil der Oberflächendiffusion am gesamten Stofftransport nach Gleichung 2-31 zu bestimmen. Eine detailliertere Auswertung der Oberflächendiffusion ist mit Hilfe der Gleichungen 2-22 und 2-27, sowie mit den aufgenommenen Adsorptionsisothermen (Gleichung 4-3) möglich. Dazu wurden der Diffusionskoeffizient für die Oberflächendiffusion bei einer Beladung gleich Null und die entsprechende Aktivierungsenergie für die Migration der adsorbierten Moleküle bestimmt. Die erhaltenen Ergebnisse sind in Tabelle 4-11 angegeben.

**Tabelle 4-11: Experimentell ermittelte Oberflächendiffusionsparameter der Membranen
nach Gleichung 2-27**

Membran	Kohlenstoffdioxid		Propan	
	$D_{S,0,0}^{M-S}$, 10^{-9} m^2 s^{-1}	E_S, kJ mol^{-1}	$D_{S,0,0}^{M-S}$, 10^{-9} m^2 s^{-1}	E_S, kJ mol^{-1}
M1	6,33	5,95	9,26	6,42
M2	7,98	6,62	7,68	5,66
M3	1,66	5,23	5,69	3,07
M4	1,76	10,89	1,28	8,12

Die ermittelten Parameter für die Oberflächendiffusion auf den
unmodifizierten Membranen sind einander aufgrund der identischen
Synthesebedingungen und Oberflächeneigenschaften sehr ähnlich. Für Membran
M1 erscheint Propan als das mobilere Gas auf der Oberfläche. Die für Membran
M2 gemessenen Werte sind für beide Gase nahezu gleich.

Auf der modifizierten Membran M3 ist Propan das deutlich mobilere
Molekül. Während die Aktivierungsenergie für die Migration adsorbierten
Kohlenstoffdioxids auf der Oberfläche nach der Modifizierung nahezu konstant
bleibt, sinkt der Diffusionskoeffizient für die Oberflächendiffusion um 75 %. Diese
Ergebnisse können mit einer Oberflächendiffusion von physisorbierten CO_2-
Molekülen erklärt werden, die nicht als Carbamat gebunden wurden sondern z.B.
auf verbliebenen Hydroxylgruppen adsorbieren. Da die Anzahl dieser
Adsorptionsplätze durch die Oberflächenmodifikation erheblich reduziert wurde,
ist der entstehende Stofftransport entsprechend gering. Für Propan wurden sowohl
die Aktivierungsenergie als auch der Oberflächendiffusionskoeffizient im
Vergleich zur unmodifizierten Membran um etwa 50 % reduziert. Somit zeigt diese
Membran die höchste Propan-Selektivität der hier getesteten Membranen.

Für die Membran M4 sind die Diffusionskoeffizienten für beide Gase stark
reduziert, was unter anderem mit der verringerten inneren Oberfläche der Membran
begründet werden kann. Des Weiteren wurden die Aktivierungsenergien für beide
Gase stark erhöht, wobei die Aktivierungsenergie für die CO_2-Diffusion einen
wesentlich höheren Wert annimmt. Dies spiegelt die starke Adsorption der CO_2-
Moleküle wider. Zudem konnte die Oberflächendiffusion von Kohlenstoffdioxid

erst ab 350 K ausgewertet werden, da die Diffusion bei niedrigeren Temperaturen ausschließlich durch den Gasphasentransport bestimmt wird.

Anhand dieser Ergebnisse ist es möglich, die im Vergleich zu den anderen Membranen gegenläufige Temperaturabhängigkeit der Diffusion von Kohlenstoffdioxid durch die Membran M4 zu erklären. Wie bereits erwähnt, kann der Stofftransport einer gasförmigen Komponente durch eine poröse Struktur als Summe des Transportes in der Gasphase und in der adsorbierten Phase beschrieben werden (Gleichung 2-31). Während die Diffusionskoeffizienten des Transportes in der Gasphase mit steigender Temperatur ansteigen (Gleichungen 2-14 und 2-15), zeigt die Oberflächendiffusion der adsorbierten Phase ein anderes Verhalten. Zwar steigt der Diffusionskoeffizient für die Oberflächendiffusion mit steigende Temperatur (Gleichung 2-27) jedoch nimmt die Konzentration der adsorbierten Phase auf der Oberfläche und damit die Triebkraft für eine Diffusion mit steigender Temperatur stark ab (Gleichung 2-2). Dies führt für die Membranen M1, M2 und M3 in der Summe zu einem bei steigenden Temperaturen abfallenden Transport der adsorbierten Phase. Die Carbamatbildung des adsorbierten Kohlenstoffdioxids auf der Membran M4 bedingt jedoch eine geringere Temperaturabhängigkeit der Konzentration der adsorbierten Phase im betrachteten Temperaturintervall sowie eine relativ hohe Aktivierungsenergie für einen Transport der adsorbierten Phase. Beides führt dazu, dass die Oberflächendiffusion von Kohlenstoffdioxid auf dieser Membran erst bei höheren Temperaturen einsetzt und somit im betrachteten Temperaturintervall von 300 bis 430 K eine entgegengesetzte Abhängigkeit von der Temperatur aufweist. Weiterhin ist der Anteil des Transportes in der Gasphase am Gesamttransport von CO_2 durch die Membran M4 aufgrund der Auswirkungen der Modifikation auf die Porenstruktur wesentlich geringer, weswegen der Gesamttransport auch bei erhöhten Temperaturen und trotz der verringerten Mobilität des als Carbamat gebundenen Kohlenstoffdioxids zu einem großen Teil von der Oberflächendiffusion bestimmt wird.

Die auftretenden Wechselwirkungen während des parallelen Stofftransportes der für die Einzelgasmessungen verwendeten Gase wurden durch die Messung der Diffusion von binären Gasmischungen durch die Membranen M2 sowie M4 untersucht. Dazu wurden Gasmischungen aus Kohlenstoffdioxid und Stickstoff sowie aus Kohlenstoffdioxid und Propan in verschiedenen Zusammensetzungen verwendet.

Die gemessenen Permeabilitäten der einzelnen Gase sind gegenüber den Einzelgasmessungen abhängig von der Gaszusammensetzung um den Faktor 1,5 erhöht. Dies wird als systematischer Fehler bewertet, der durch die unterschiedlichen Messprinzipien hervorgerufen wird. Die Temperaturabhängigkeiten der Permeabilitäten sowohl der unmodifizierten Membran M2 als auch der modifizierten Membran M4 sind davon unbeeinflusst.

Aus der Zusammensetzung des Permeates wurden zudem die Trennfaktoren der Membranen (Gleichung 2-40) für das jeweilige Gasgemisch errechnet:[46]

$$S_{CO_2/N_2}^{mix,transp} = \frac{z_{CO_2}}{y_{CO_2}} \frac{y_{N_2}}{z_{N_2}} \quad \text{bzw.} \quad S_{CO_2/C_3H_8}^{mix,transp} = \frac{z_{CO_2}}{y_{CO_2}} \frac{y_{C_3H_8}}{z_{C_3H_8}}. \tag{4-11}$$

Hierbei sind y und z die Stoffmengenanteile der jeweiligen Komponenten im Zulauf beziehungsweise im Permeat. Abbildung 4-21 zeigt die so erhaltenen Trennfaktoren für die verschiedenen Zusammensetzungen in Abhängigkeit von der Temperatur.

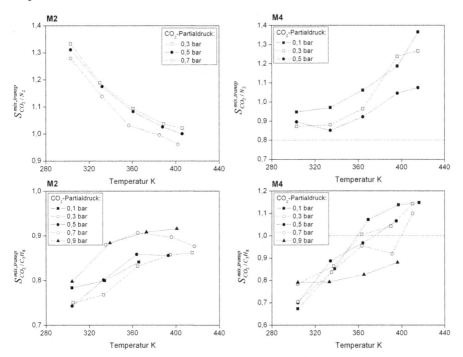

Abbildung 4-21: Ermittelte Trennfaktoren (Gleichung 2-40) für die untersuchten Gasgemische CO₂/N₂ (oben) und CO₂/C₃H₈ (unten) der unmodifizierten Membran M2 und der modifizierten Membran M4

Es kann für beide Gasmischungen eine Abhängigkeit der Trennfaktoren von der Zusammensetzung des Gasgemisches festgestellt werden. Im Hinblick auf die verwendeten Membranen werden jedoch Unterschiede in dieser Abhängigkeit deutlich.

Die für die unmodifizierte Membran M2 gemessenen Trennfaktoren $S^{mix,transp}$ zeigen nur eine geringe Abhängigkeit von der Zusammensetzung des Gasgemisches im Zulauf. Für das Gemisch aus Kohlenstoffdioxid und Propan ist eine leichte Erhöhung der Trennfaktoren für Kohlenstoffdioxid mit steigendem CO_2-Partialdruck zu erkennen. Da die Adsorption von Propan aus einem Kohlenstoffdioxid-Propan-Gemisch auf unmodifiziertem porösem Glas durch die gleichzeitige CO_2-Adsorption kaum beeinflusst wird[47], ist dies auf die steigende Konzentration von adsorbiertem Kohlenstoffdioxid bei höheren Anteilen von CO_2 im Gasgemisch zurückzuführen. Da Stickstoff kaum auf der Oberfläche adsorbiert, ist für dieses Gemisch ein leichtes Absinken des Trennfaktors mit steigender CO_2-Konzentration im Zulauf festzustellen.

Für die modifizierte Membran M4 sinkt der Trennfaktor für CO_2 für beide Gemische bei den für die Oberflächendiffusion auf dieser Membran relevanten Temperaturen über 350 K mit ansteigendem Anteil von Kohlenstoffdioxid im Gemisch. Das kann mit der begrenzten Anzahl der Amine auf der Oberfläche der modifizierten Membran M4 erklärt werden. Auch wenn Stickstoff in diesem Fall als nahezu nicht adsorbierendes Gas angesehen werden kann und die unspezifischen Wechselwirkungen der Oberfläche mit Propan nicht zu einer relevanten Verringerung der freien Adsorptionsplätze für Kohlenstoffdioxid führen, ist die Zahl der Amine auf der Oberfläche als bevorzugte Adsorptionsplätze für CO_2 vergleichsweise gering. Zudem zeigen die gemessenen Adsorptionsisothermen für Kohlenstoffdioxid bereits bei geringen Partialdrücken eine relativ hohe Adsorptionskapazität und im Fall des Gasgemisches Kohlenstoffdioxid / Propan eine hohe ideale Adsorptions-Selektivität. Daher führt eine Erhöhung des Partialdruckes von Kohlenstoffdioxid in der Gasmischung nicht zu einer signifikanten Erhöhung der Konzentration des auf der Oberfläche adsorbierten Kohlenstoffdioxids und damit auch zu keiner verstärkten Oberflächendiffusion. Da Propan auch an der modifizierten Oberfläche nur unspezifisch adsorbiert, ist die Abhängigkeit der Propan-Diffusion durch die Membran M4 von der Zusammensetzung des Zulaufes analog zum Stofftransport durch die unmodifizierte Membran M2. Für die niedrigste Messtemperatur von 300 K stellt sich die entgegengesetzte Abhängigkeit von der Zulaufkonzentration ein, da die adsorbierten CO_2-Moleküle bei dieser Temperatur nicht mobil sind.

Ein Vergleich der ermittelten Trennfaktoren mit den idealen Selektivitäten zeigt abhängig von der Zusammensetzung der binären Gasmischung eine gute Vergleichbarkeit für beide Membranen M2 und M4. Für das Gemisch Kohlenstoffdioxid / Stickstoff sind die gemessenen Trennfaktoren für beide Membranen gegenüber den idealen Selektivitäten leicht erhöht. Eine mögliche

Erklärung hierfür ist die Reduktion des Porendurchmessers der Membran durch die adsorbierten CO_2-Moleküle, was zu einer Verringerung des Stofftransportes durch die Poren führt und damit die Diffusion des Stickstoffs behindert.

Im Falle des Stoffgemisches Kohlenstoffdioxid / Propan sind die Trennfaktoren der unmodifizierten Membran M2 geringer als die idealen Selektivitäten. Dies kann mit der gleichzeitigen Adsorption beider Stoffe auf der Oberfläche des Glases und den daraus resultierenden kleineren Adsorptionskapazitäten vor allem für Kohlenstoffdioxid begründet werden. Für die modifizierte Membran M4 ist die Vergleichbarkeit zwischen den Trennfaktoren und den idealen Selektivitäten besser, was auf die spezifischen Wechselwirkungen zwischen den Aminen auf der Oberfläche und den CO_2-Molekülen zurückzuführen ist. Da die Propan-Moleküle keine spezifischen Wechselwirkungen mit den Amin-Gruppen eingehen können, ist die CO_2-Adsorption von der Propan-Konzentration unbeeinflusst.

Die Modifikation einer porösen Glasmembran mit 3-[2-(2-Aminoethylamino)ethylamino]propyltrimethoxysilan (M4) zeigt demnach bei hohen Temperaturen und niedrigen CO_2-Partialdrücken die höchsten Trennfaktoren für eine kontinuierliche Trennung eines Gemisches aus Kohlenstoffdioxid und Propan bzw. Stickstoff. Die mit dem Monoamin modifizierte Membran M3 zeigt auch bei höheren Temperaturen eine CO_2-Selektivität unter 1, das heißt eine Selektivität zu Gunsten der jeweils anderen Komponente. Beide Membranen weisen jedoch eine für einen kontinuierlichen Trennprozess zu geringe Trennleistung auf.

Eine potentielle Alternative ist die Ausnutzung der starken Adsorption von CO_2 zu Beginn einer transienten Stofftransport-Messung, wie sie hier zur Untersuchung der Einzelgasdiffusion eingesetzt wurde. Da CO_2 in dieser Anfangsphase vollständig adsorbiert wird und vor allem bei niedrigen Temperaturen nahezu keine Oberflächendiffusion vorliegt, sind die in diesem Zeitintervall erreichten Selektivitäten für die andere Komponente sehr viel größer als in einem stationären Prozess. Dieser verzögerte Durchbruch des Kohlenstoffdioxids durch die Membran kann u.U. ähnlich einer Druckwechseladsorption in einer zyklisch betriebenen transienten Membrantrennung[48] genutzt werden. Abbildung 4-22 zeigt einen Vergleich der aufgenommenen Druckkurven für die Einzelgasdiffusion der drei gemessenen Gase bei 300 K durch die Membranen M3 und M4 und die daraus errechneten idealen Selektivitäten der Membranen $S^{id,transp}$ in diesem Zeitintervall.

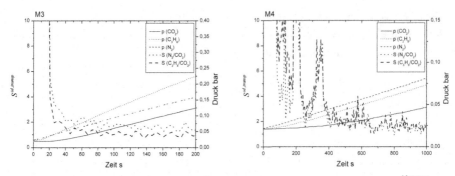

**Abbildung 4-22: Druckkurven und daraus errechnete ideale Selektivitäten $S^{id,transp}$
(Gleichung 2-39) der Membranen M3 und M4 bei 300 K**

Der für diese Trennung nutzbare Zeitraum hängt von der Dicke und der
Adsorptionskapazität der Membranen und dem Stofftransport des
Kohlenstoffdioxids über die Gasphase ab. Für Membran M3 beträgt diese
Verzögerung 25 bis 40 s, für Membran M4 etwa 400 s. Die so erreichten
Selektivitäten sind um ein Vielfaches größer als die eines kontinuierlichen
Trennprozesses, gehen jedoch mit einer verringerten Produktivität einher.[49] Da die
Adsorption von CO_2 als Carbamat durch die Anwesenheit von Stickstoff oder
Propan kaum beeinflusst wird, sind diese Ergebnisse auch auf Gasmischungen
übertragbar.

4.2.4   Fazit

In diesem Kapitel wurden die Auswirkungen einer gezielten
Oberflächenmodifikation poröser Glasmembranen auf die Stofftransport- und
Trenneigenschaften untersucht. Dabei war neben der veränderten
Oberflächenchemie und damit dem veränderten Adsorptionsverhalten der
Membranen, die Verengung der Porenstruktur von großer Bedeutung.

Die chemische Bindung zweier verschiedener Amino-trialkoxysilane auf der
Oberfläche der Glasmembranen führte zu einer starken Reduktion des
Porenvolumens und der inneren Oberfläche der Membranen. Dabei konnte ein
Einfluss der Kettenlänge des Silans auf die Porenstruktur der modifizierten
Membranen festgestellt werden. Weiterhin konnte eine Abhängigkeit der
Konzentration der gebundenen Silane auf der Oberfläche der Glasmembranen von
der Größe des Silans gezeigt werden.

Die so eingebrachten Amino-Gruppen erhöhten die Adsorptionskapazität
und -Selektivität der Membranen für das Zielmolekül CO_2, vor allem für höhere

Temperaturen und niedrige Partialdrücke. Dies konnte durch die Chemisorption und Bindung des Kohlenstoffdioxids als Carbamat erklärt werden.

Durch die Reduktion des Porenvolumens zeigten sich im Vergleich zu den unmodifizierten Membranen deutlich verringerte Permeabilitäten. Trotz der spezifischen Wechselwirkungen der modifizierten Oberflächen mit der Zielkomponente wurde der Transport über die Oberflächendiffusion nicht oder nur bei erhöhten Temperaturen beschleunigt. Auf der mit γ-Aminopropyltriethoxysilan modifizierten Membran wurde die Oberflächendiffusion von Kohlenstoffdioxid nahezu vollständig unterdrückt. Auf der mit einem Triamin modifizierten Membran zeigte sich dieser Mechanismus erst bei Temperaturen oberhalb 360 K und führte zu einer Selektivitäts-Umkehr für das Gemisch Kohlenstoffdioxid / Propan bei erhöhten Temperaturen. Durch die begrenzte Anzahl an Aminen auf der Oberfläche der so modifizierten Membran, wurde der höchste Trennfaktor für dieses Gemisch bei 415 K und einem Partialdruck von 0,1 bar erreicht.

Die im Vergleich zu den unmodifizierten Membranen deutlich gesteigerten Adsorptions-Selektivitäten konnten jedoch nicht auf den Stofftransport übertragen werden. Zudem konnten die unspezifischen Wechselwirkungen zwischen der Oberfläche und den Propan-Molekülen nicht unterbunden werden, so dass die Membranen bei niedrigen Temperaturen weiterhin eine starke Selektivität für Propan aufwiesen.

Somit ist ein Anwendungspotential dieser Oberflächenmodifikation in der Gastrennung mittels Adsorption[50] oder in Hochtemperaturprozessen[51] gegeben. Die aufgezeigten Nachteile dieser Modifikation können eventuell mit veränderten Silanen abgeschwächt werden. So können z.B. Mono-Alkoxysilane eine Polymerisation auf der Oberfläche verhindern. Eine Verkürzung des „Spacers" zwischen dem Silizium-Atom und der Amino-Gruppe von der hier verwendeten Propyl-Gruppe zu einer Methyl-Gruppe (sog. α-Silane) kann zum einen das vom Silan eingenommene Porenvolumen verringern und dadurch die Reduktion des Porendurchmessers abmildern. Zum anderen kann damit den Wechselwirkungen zwischen der Amino-Gruppe des immobilisierten Silans und den freien Oberflächenhydroxylgruppen vorgebeugt werden, was zu einer Erhöhung der Silankonzentration auf der Oberfläche durch die zusätzlichen freien Hydroxylgruppen führen kann. Ein anderer Weg kann durch die Synthese von Polyamidoamiden[52,53] im Porensystem beschritten werden. Somit ist es möglich, die Konzentration an Amino-Gruppen in den Poren und damit die Adsorptionskapazität für Kohlenstoffdioxid deutlich zu erhöhen. Dies führt jedoch zu einer starken Reduktion des Porenvolumens bis hin zur vollständigen

Maskierung. Damit nimmt die Glasmembran die Funktion eines Trägers für das selektive Polymer ein.

Die in diesem Kapitel genutzte Modifikation der Oberfläche mit Amino-Gruppen kann, neben der hier vorgestellten Anwendung, als Startpunkt für die gezielte Immobilisierung komplexerer Funktionen auf der Oberfläche eingesetzt werden. Im folgenden Kapitel soll diese Möglichkeit genutzt werden, um einem ursprünglich achiralen Material eine enantioselektive Funktion zu geben.

[1] K. S. W. Sing, D. H. Everett, R. A. W. Haul, L. Moscou, R. A. Pierotti, J. Rouquerol, T. Siemieniewska, Reporting physisorption data for gas/solid systems with special reference to the determination of surface area and porosity, Pure & Appl. Chem., 1985, 57 (4), 603.

[2] M. Kruk, M. Jaroniec, Gas adsorption characterization of ordered organic-inorganic nanocomposite materials, Chem. Mater., 2001, 13, 3169.

[3] J. C. Groen, L. A. A. Peffer, J. Perez-Ramirez, Pore size determination in modified micro- and mesoporous materials. Pitfalls and limitations in gas adsorption data analysis, Microporous Mesoporous Mater., 2003, 60, 1.

[4] P. I. Ravikovitch, G. L. Haller, A. V. Neimark, Density functional theory model for calculating pore size distributions: pore structure of nanoporous catalysts, Adv. Colloid Interface Sci., 1998, 76-77, 203.

[5] P. I. Ravikovitch, A. V. Neimark, Chracterization of micro- and mesoporosity in SBA-15 materials from adsorption data by the NLDFT method, J. Phys. Chem. B, 2001, 105, 6817.

[6] E. P. Barrett, L. G. Joyner, P. P. Halenda, The determination of pore volume and are distribution in porous substances. I. Computations from nitrogen isotherms, J. Am. Chem. Soc., 1951, 73, 373.

[7] M. Thommes, Physical adsorption characterization of nanoporous materials, Chem. Ing. Tech., 2010, 82 (7), 1059.

[8] N. Hiyoshi, K. Yogo, T. Yashima, Adsorption characteristics of carbon dioxide on organically functionalized SBA-15, Microporous Mesoporous Mater., 2005, 84, 357.

[9] G. E. Romanos, O. C. Vangeli, K. I. Stefanopoulos, E. P. Kouvelos, S. K. Papageorgiou, E. P. Favvas, N. K. Kanellopoulos, Methods of evaluating pore morphology in hybrid organic-inorganic porous materials, Microporous Mesoporous Mater., 2009, 120, 53.

[10] Y.-S. Chi, H.-P. Lin, C.-Y. Mou, CO oxidation over gold nanocatalyst confined in mesoporous silica, Appl. Catal., A, 2005, 284, 199.

[11] V. Varela Guerrero, D. F. Shantz, Amine-functionalized ordered mesoporous silica transesterification catalysts, Ind. Eng. Chem. Res., 2009, 48, 10375.

[12] G. P. Knowles, J. V. Graham, S. W. Delaney, A. L. Chaffee, Aminopropyl-functionalized mesoporous silicas as CO_2 adsorbents, Fuel Process. Technol., 2005, 86, 1435.

[13] S. Kim, J. Ya, V. V. Guliants, J. Y. S. Lin, Tailoring pore properties of MCM-48 silica for selective adsorption of CO_2, J. Phys. Chem. B, 2005, 109, 6287.

[14] V. Zelenak, M. Badanicova, D. Halamova, J. Cejka, A. Zukal, N. Murafa, G. Goerigk, Amine-modified ordered mesoporous silica: effect of pore size on carbon dioxide capture, Chem. Eng. J., 2008, 144, 336.

[15] M. R. Mello, D. Phanon, G. Q. Silveira, P. L. Lleqellyn, C. M. Ronconi, Amine-modified MCM-41 mesoporous silica for carbon dioxide capture, Microporous Mesoporous Mater., 2011, 143 (1), 174.

[16] T. Kimura, S. Saeki, Y. Sugahara, K. Kuroda, Organic modification of FSM-type mesoporous silicas derived from Kanemite by silylation, Langmuir, 1999, 15, 2794.

[17] C. P. Jaroniec, M. Kruk, M. Jaroniec, Tailoring surface and structural properties of MCM-41 silicas by bonding organosilanes, J. Phys. Chem. B, 1998, 102, 5503.

[18] V. Antochshuk, M. Jaroniec, Adsorption, thermogravimetric, and NMR studies of FSM-16 material functionalized with alkylmonochlorosilanes, J. Phys. Chem. B, 1999, 103, 6252.

[19] L. Zhang, C. Yu, W. Zhao, Z. Hua, H. Chen, L. Li, J. Shi, Preparation of multi-amine-grafted mesoporous silicas and their application to heavy meatl ions adsorption, J. Non-Cryst. Solids, 2007, 353, 4055.

[20] N. Hiyoshi, K. Yogo, T. Yashima, Adsorption of carbon dioxide on aminosilane-modified mesoporous silica, J. Jpn. Pet. Inst., 2005, 48 (1), 29.

[21] E. F. Vansant, P. Van Der Voort, K. C. Vrancken, Characterization and chemical modification of the silica surface, Elsevier Science B. V., Amsterdam, 1995.

[22] A. Markovic, D. Stoltenberg, D. Enke, E.-U. Schlünder, A. Seidel-Morgenstern, Gas permeation through porous glass membranes Part I. Mesoporous glasses – effect of pore diameter and surface properties, J. Membr. Sci., 2009, 336, 17.

[23] L. T. Zhuravlev, The surface chemistry of amorphous silica. Zhuravlev model, Colloids Surf., A, 2000, 173, 1.

[24] F. Janowski, D. Enke in: Handbook of Porous Solids, Vol. 3, Wiley-VCH, Weinheim, 2002.

[25] F. Zheng, D. N. Tran, B. J. Busche, G. E. Fryxell, R. S. Addleman, T. S. Zemanian, C. L. Aardahl, Ethylenediamine-modified SBA-15 as regenerable CO_2 sorbent, Ind. Eng. Chem. Res., 2005, 44, 3099.

[26] S. Hao, Q. Xiao, H. Yang, Y. Zhong, F. Pepe, W. Zhu, Synthesis and CO_2 adsorption property of amino-functionalized silica nanospheres with centrosymmetric radial mesopores, Microporous Mesoporous Mater., 2010, 132 (2), 552.

[27] P. J. E. Harlick, A. Sayari, Applications of pore-expanded mesoporous silicas. 3. Triamine silane grafting for enhanced CO_2 adsorption, Ind. Eng. Chem. Res., 2006, 45, 3248.

[28] M. P. Seah, W. A. Dench, Quantitative electron spectroscopy of surfaces: a standard data base for electron mean free paths in solids, Surf. Interface Anal., 1979, 1 (1), 2.

[29] B. V. Crist, Handbook of monochromatic XPS Spectra – The Elements and Native Oxides, Wiley, Chichester, 2000.

[30] D. R. Baer, M. H. Engelhard, XPS analysis of nanostructured materials and biological surfaces, J. Electron Spectrosc. Relat. Phenom., 2010, 178 – 179, 415.

[31] F. Janowski, D. Enke in: Handbook of Porous Solids, Vol. 3, Wiley-VCH, Weinheim, 2002.

[32] A. Calvo, M. Joselevich, G. J. A. A. Soler-Illia, F. J. Williams, Chemical reactivity of amino-functionalized mesoporous thin films obtained by co-condensation and post-grafting routes, Microporous Mesoporous Mater. 2009, 121 (1-3), 67.

[33] K. M. R. Kallury, P. M. Macdonald, M. Thompson, Effect of surface water and base catalysis on the silanization of silica by (Aminopropyl)alkoxysilanes studied by X-ray photoelectron spectroscopy and ^{13}C cross-polarization/magic angle spinning nuclear magnetic resonance, Langmuir, 1994, 10, 492.

[34] D.-I. Jang, S.-J. Park, Influence if amine grafting on carbon dioxide adsorption behaviours of activated carbons, Bull. Korean Chem. Soc., 2011, 32 (9), 3377.

[35] F. Janowski, G. Fischer, W. Urbaniak, Z. Foltynowicz, B. Marciniec, Aminopropylsilane treatment for the surface of porous glasses suitable for enzyme immobilisation, J. Chem. Tech. Biotechnol., 1991, 51, 263.

[36] A. Matsumoto, K. Tsutsumi, K. Schumacher, K. K. Unger, Surface functionalization and stabilization of mesoporous silica spheres by silanization and their adsorption characteristics, Langmuir, 2002, 18, 4014.

[37] K. C. Vrancken, P. Van der Voort, K. Possemiers, E. F. Vansant, Surface and structural properties of silica gel in the modification with γ-Aminopropyltriethoxysilane, J. Colloid Interface Sci., 1995, 174, 86.

[38] P. Bollini, S. Choi, J. H. Drese, C. W. Jones, Oxidative degradation of aminosilica adsorbents relevant to postcombustion CO_2 capture, Energy Fuels, 2011, 25, 2416.

[39] A. Heydari-Gorji, Y. Belmabkhout, A. Sayari, Degradation of amine-supported adsorbents in the presence of oxygen-containing gases, Microporous Mesoporous Mater., 2011, 145 (1-3), 146.

[40] V. Zelenak, D. Halamova, L. Gaberova, E. Bloch, P. Llewellyn, Amine-modified SBA-12 mesoporous silica for carbon dioxide capture: effect of amine basicity on sorption properties, Microporous Mesoporous Mater., 2008, 116, 358.

[41] S.-N. Kim, W.-J. Son, J.-S. Choi, W.-S. Ahn, CO2 adsorption using amine-functionalized mesoporous silica prepared via anionic surfactant-mediated synthesis, Microporous Mesoporous Mater., 2008, 115, 497.

[42] R. Serna-Guerrero, E. Da'na, A. Sayari, New insights into the interactions of CO_2 with amine-functionalized silica, Ind. Eng. Chem. Res., 2008, 47, 9406.

[43] G. P. Knowles, S. W. Delaney, A. L. Chaffe, Diethylenetriamine[propyl(silyl)]-functionalized (DT) mesoporous silicas as CO_2 adsorbents, Ind. Eng. Chem. Res., 2006, 45, 2626.

[44] O. Leal, C. Bolivar, C. Ovalles, J. J. Garcia, Y. Espidel, Reversible adsorption of carbon dioxide on amine surface-bonded silica gel, Inorg. Chim. Acta, 1995, 240, 183.

[45] C. Knöfel, J. Descarpentries, A. Benzaouia, V. Zelenak, S. Mornet, P. L. Llewellyn, V. Hornebecq, Functionalized micro-/mesoporous silica for the adsorption of carbon dioxide, Microporous Mesoporous Mater., 2007, 99, 79.

[46] W. J. Koros, Y. H. Ma, T. Shimidzu, Terminology for membranes and membrane processes, Pure & Appl. Chem., 1996, 68 (7), 1479.

[47] A. Markovic, Experimental and theoretical analysis of the mass transport through porous glass membranes with different pore diameters, Dissertation, Magdeburg, 2009.

[48] D. R. Paul, Membrane separation of gases using steady cyclic operation, Ind. Eng. Chem. Process Des. Dev., 1971, 10 (3), 375.

[49] L. Wang, J.-P. Corriou, C. Castel, E. Favre, A critical review of cyclic transient membrane gas separation processes: state of the art, opportunities and limitations, J. Membr. Sci., 2011, 383 (1-2), 170.

[50] A. C. C. Chang, S. S. C. Chuang, M. Gray, Y. Soong, In-situ infrared study of CO_2 adsorption on SBA-15 grafted with γ-(Aminopropyl)triethoxysilane, Energy Fuels, 2003, 17 (2), 469.

[51] M. Ostwal, R. P. Singh, S. F. Dec, M. T. Lusk, J. D. Way, 3-Aminopropyltriethoxysilane functionalized inorganic membranes for high temperature CO_2/N_2 separation, J. Membr. Sci., 2011, 369 (1-2), 139.

[52] N. Tsubokawa, H. Ichioka, T. Satoh, S. Hayashi, K. Fujiki, Grafting of 'dendrimer-like' highly branched polymer onto ultrafine silica surface, React. Funct. Polym., 1998, 37, 75.

[53] Y. Kaneko, Y. Imai, K. Shirai, T. Yamauchi, N. Tsubokawa, Preparation and properties of hyperbranched poly(amidoamine) grafted onto a colloidal silica surface, Colloids Surf., A, 2006, 289, 212.

5 Chromatographische Trennung eines Racemates

5.1 Herstellung und Charakterisierung oberflächenmodifizierter poröser Gläser zur Trennung eines Racemates

Die Verwendung von modifizierten Cyclodextrin-Selektoren zur Trennung von racemischen Gemischen im Allgemeinen und anästhetischen Gasen im Speziellen ist in der Literatur für einzelne Systeme bereits beschrieben.[1,2] Im Bereich der Gaschromatographie wurden diese Selektoren bisher in Kapillarsäulen oder fixiert auf unporösen Partikeln eingesetzt.[3,4]

Die Immobilisierung dieser Selektoren auf porösen Trägern erscheint in Anbetracht der höheren realisierbaren Oberflächen bei ähnlicher mechanischer Stabilität vorteilhaft. Partikuläre poröse Gläser ermöglichen darüber hinaus eine Abstimmung der Porengröße an die voluminöse Form der Cyclodextrine sowie die Änderung der Partikelform und -größe als weitere Prozessparameter.

5.1.1 Herstellung der Glaspartikel

Die verwendeten Glaspartikel wurden von Biosearch Technologies Inc. zur Verfügung gestellt. Das Ausgangsglas für die Herstellung der Glaspartikel hatte die Zusammensetzung 62 Ma.-% SiO_2, 30 Ma.-% B_2O_3, 7 Ma.-% Na_2O und 1 Ma.-% Al_2O_3. Das Ausgangsglas wurde gebrochen und zur Homogenisierung erneut geschmolzen. Eine eventuelle Vorentmischung des Glases wird auf diese Weise durch den reversiblen Prozess ausgeschlossen. Anschließend wurde das Glas abgeschreckt, um eine Entmischung zu vermeiden, gemahlen, durch Siebung fraktioniert und das Granulat der entsprechenden Korngröße zwischen 80 und 130 µm anschließend in einem Ofen für 24 bis 72 h bei 500 °C behandelt und abgekühlt, um eine weitere Entmischung zu vermeiden. Eine saure Extraktion der löslichen, alkaliboratreichen Phase erfolgte in 3 M Salzsäure bei einer Temperatur von 90 °C über einen Zeitraum von 6 h bei einem Volumenverhältnis von Festphase zur flüssigen Phasen von 1 : 10. Danach folgte eine alkalische Behandlung mit 0,5 M Natronlauge über 2 bis 4 h bei Raumtemperatur. Abschließend wurden die Partikel mit destilliertem Wasser gewaschen und getrocknet. Die unmodifizierten porösen Glaspartikel werden im Folgenden als „PG" angeführt.

Zur Vorbereitung der späteren Anbindung der Cyclodextrin-Derivate wurden die Glaskörper zunächst durch eine Aminosilanisierung[5] in Toluol

© Springer Fachmedien Wiesbaden GmbH, ein Teil von Springer Nature 2013
D. Stoltenberg, *Oberflächenmodifikation von porösen Gläsern zur Trennung von Gemischen ähnlicher Gase durch Membranverfahren und Adsorption*, Edition KWV,
https://doi.org/10.1007/978-3-658-24663-1_5

oberflächenmodifiziert und dadurch für eine Immobilisierung der Selektoren aktiviert. Die Modifizierung der porösen Glaspartikel erfolgte analog der der Glasmembranen. Die Glaspartikel wurden für 1 h bei 120 °C getrocknet und in eine 0,05 M Lösung von γ-Aminopropyltriethoxysilan in trockenem Toluol gegeben. Die Menge der Lösung wurde so gewählt, dass die Menge des Aminoorganosilans einer Konzentration von 7 µmol m^{-2} spezifische Oberfläche des porösen Glases entspricht. Um eine mechanische Beschädigung der Glaspartikel zu vermeiden, wurde die Lösung hier mit Hilfe eines Propeller-Rührers mit Deckeldurchführung und Rührhülse gerührt und anschließend für 6 h am Rückfluss zu Sieden gebracht. Danach wurde das poröse Glas abfiltriert, mit trockenem Toluol gewaschen und bei 80 °C getrocknet. Die so modifizierten Glaspartikel werden im weiteren Verlauf als „PG-AP" bezeichnet.

5.1.2 Synthese und Immobilisierung des Cyclodextrin-Selektors

Auf den hergestellten Trägern wurden die Selektoren gemäß publizierter Arbeiten[6,7] immobilisiert und chemisch gebunden. Der Syntheseweg ist schematisch in Abbildung 5-1 dargestellt. Das native γ-Cyclodextrin wurde durch eine Behandlung mit Toluolsulfonylchlorid in Pyridin[8,9] zu Mono(6-toluolsulfonyl)-γ-Cyclodextrin und anschließend zu Mono(6-azido-6-deoxy)-γ-Cyclodextrin[8,10] substituiert. Diese Monofunktionalisierung an der reaktiven 6-Position einer Glucose-Einheit ist für die Immobilisierung nötig[6] und soll in den darauf folgenden Schritten erhalten werden. Daran anschließend wurden eine Pentylierung[7] durch 1-Brompentan an den 2- und 6-Positionen sowie eine Butyrilierung[11,12] durch Buttersäureanhydrid an der Hydroxyl-Gruppe an Position 3 zu Heptakis(3-O-butyryl-2,6-di-O-pentyl)mono(6-azido-6-deoxy-3-O-butyryl-2-O-n-pentyl)-γ-Cyclodextrin durchgeführt. Der erhaltene Selektor ist, abgesehen von einer Azid-Gruppe, identisch mit dem von König[7] eingeführten und in der Arbeitsgruppe Schurig bereits für die Trennung von Desfluran getesteten[12] Selektor.

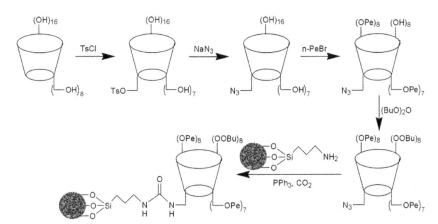

Abbildung 5-1: Schematische Darstellung der Derivatisierung[7] und Immobilisierung[6] des konischen γ-Cyclodextrin-Rings auf den porösen Glasträgern

Eine Immobilisierung dieses Selektors kann dann mit Hilfe einer Harnstoffbindung zu den Aminogruppen auf der Oberfläche der modifizierten Glaspartikel erreicht werden[13]. Hierzu wurden die modifizierte Oberfläche des Glases mit Kohlenstoffdioxid gesättigt und das Cyclodextrin mit Hilfe einer Staudinger-Reaktion[14] auf der Oberfläche des Glases gebunden.

Die genauen Synthesevorschriften für die einzelnen Stufen sowie die Immobilisierung sind im Anhang dieser Arbeit ausführlich beschrieben. Das mit dem Selektor modifizierte Glas wird als „PG-CD" bezeichnet.

5.1.3   Packung der Säulen

Zur Herstellung einer gepackten Säule wurde zunächst eine leere Edelstahlkapillare mit einer Länge von 5 m und einem Außendurchmesser von 0,25 Zoll an einer Seite mit einem Filter (Swagelok, Porengröße 6 μm) verschlossen. Anschließend folgte die Injektion der Suspension des immobilisierten Selektors in Wasser über ein Packungsreservoir in die Säule. Danach wurde die Packung mit einer HPLC-Pumpe Smartline 1050-10 (Knauer) bei einem Druck von 15 bar über 24 h mit Wasser verdichtet und homogenisiert (Flussrate 9 ml min^{-1}). Die Trocknung der Säule erfolgte daraufhin an Luft mit einem Temperaturprogramm von 20 bis 100 °C über 48 h. Schließlich wurde sie für 8 h Stunden bei einem Druck von 2 bar mit reinem Helium durchströmt, in den Gaschromatographen eingebaut und im Heliumstrom bei 100 °C für 24 h konditioniert.

5.1.4   Charakterisierung

5.1.4.1 Stickstoff-Tieftemperatur-Adsorption

Die Analyse der mesoporösen Struktur mittels Stickstoff-Tieftemperatur-Adsorption wurde analog zur Charakterisierung der Glasmembranen (vgl. 4.1.2.1) mit einem Nova2200e (Quantachrome) durchgeführt und ausgewertet. Die Bereiche in denen die einzelnen Isothermen ausgewertet wurden, die Korellationskoeffizienten sowie die Werte der C-Konstanten sind im Anhang dargestellt.

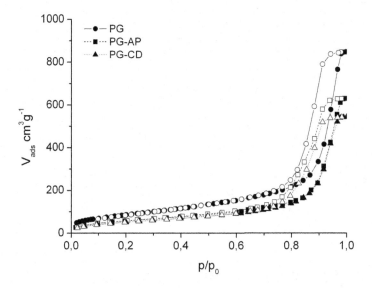

Abbildung 5-2: Stickstoff-Tieftemperatur-Isothermen der verwendeten Glaspartikel. Geschlossene Symbole markieren die Adsorption, offene Symbole den Desorptionszweig

Tabelle 5-1: Stukturdaten der verwendeten Glaspartikel

Probe	V_P, cm^3g^{-1}	O_S, m^2g^{-1}	Porosität
PG	1,316	319	0,74
PG-AP	0,977	213	0,68
PG-CD	0,843	193	0,65

Tabelle 5-2: Mittlere Porendurchmesser der Glaspartikel in nm

Probe	BJH (Ad)[a]	BJH (Des)[b]	NLDFT (Ad)[c]	NLDFT (Eq)[d]	$4V_P/O_S$
PG	22,6	16,1	19,2	16,1	16,5
PG-AP	22,3	11,2	16,1	13,0	18,3
PG-CD	22,2	11,3	16,1	13,0	17,4

a: errechnet aus dem Adsorptionszweig, b: errechnet aus dem Desorptionszweig, c: NLDFT Adsorptionszweig-Modell, d: NLDFT Gleichgewichtsmodell

5.1.4.2 Thermogravimetrie / Differenzkalorimetrie

Die Thermogravimetrie / Differenzkalorimetrie-Messungen der unmodifizierten und modifizierten Glaspartikel wurden analog zur bereits beschriebenen Analyse der Glasmembranen (vgl. 4.1.2.2) durchgeführt. Die Ergebnisse der Untersuchungen sind in Tabelle 5-3 zusammengefasst.

Tabelle 5-3: Gewichtsverlust der unmodifizierten und modifizierten Glaspartikel während der Thermogravimetrie zwischen 180 und 800 °C und die daraus errechnete Konzentration der Hydroxylgruppen

Probe	Gewichtsverlust, %	Konzentration der Hydroxylgruppen, nm^{-2}
PG	1,9	4,0
PG-AP	6,15	-
PG-CD	12,75	-

5.1.4.3 Elementaranalyse

Die Elementaranalysen der unmodifizierten und modifizierten Gläser, als auch die Analyse der verschiedenen Synthesestufen des Cyclodextrin-Selektors, wurden analog zur bereits beschriebenen Analyse der Glasmembranen (vgl. 4.1.2.4) durchgeführt.

An dieser Stelle sollen nur die Ergebnisse der Elementaranalyse der unmodifizierten, modifizierten und mit dem Selektor beladenen mesoporösen Glaspartikel angegeben werden. Die Ergebnisse der Elementaranalyse zur

Charakterisierung der einzelnen Synthesestufen des zu immobilisierenden Cyclodextrin-Derivates sind im Anhang wiedergegeben. Die gemessenen prozentualen Anteile von Kohlenstoff, Wasserstoff, Stickstoff und Schwefel sind in Tabelle 5-4 dargestellt.

Tabelle 5-4: Elementare Zusammensetzung der mesoporösen Glaspartikel (%)

Probe	C	H	N	S
PG	0,15	0,40	0,04	0,08
PG-AP	3,88	1,09	1,38	0,06
PG-CD	9,16	1,77	1,65	0,06

5.1.4.4 Partikelgrößenverteilung

Die Korngrößenverteilung sowie die Form der Partikel wurden mit einem Partikelgrößenmessgerät CILAS 1180 bestimmt.

Die Partikelgrößenverteilungen der porösen Glaspartikel vor und nach der Modifikation und Immobilisierung des Selektors sind in Abbildung 5-3 dargestellt. Abbildung 5-4 zeigt zudem eine lichtmikroskopische Aufnahme der äußeren Form der verwendeten Glaspartikel.

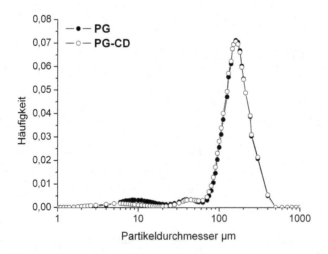

Abbildung 5-3: Partikelgrößenverteilung der porösen Glaspartikel vor (PG) und nach der Immobilisierung des Selektors (PG-CD)

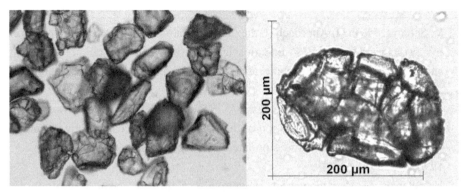

Abbildung 5-4: Lichtmikroskopische Aufnahmen der porösen Glaspartikel

5.1.5 Chromatographische Trennung

Für die gaschromatographischen Trennexperimente wurde ein Gaschromatograph GC 7890A (Agilent) mit Wärmeleitfähigkeitsdetektor und Flammenionisationsdetektor (in Reihe geschaltet) verwendet. Die Desfluran-Proben wurden bei 0 °C gekühlt und mittels eines Autosamplers injiziert. Das Volumen der injizierten flüssigen Proben betrug zwischen 0,1 und 0,5 µl. Der Gaschromatograph verfügte zudem über einen Einlass für gepackte Säulen mit integriertem Probenverdampfer. Die Auswertung erfolgte mit Hilfe einer OpenLAB CDS ChemStation.

5.1.6 Fazit

In diesem Abschnitt wurden die verwendeten Methoden zur Herstellung und Modifizierung der Glaspartikel sowie zur Synthese und Immobilisierung des chiralen Selektors beschrieben. Weiterhin wurde die Charakterisierung der Porenstruktur und des Immobilisates dargestellt. Im folgenden Abschnitt werden diese Ergebnisse ausgewertet und diskutiert. Zudem wird die Enantioselektivität der hergestellten stationären Phase für die Trennung einer racemischen Mischung von Desfluran anhand der analytischen Gaschromatographie gezeigt.

---

[1] W. Keim, A. Köhnes, W. Meltzow, Enantiomer separation by gas chromatography on cylcodextrin chiral stationary phases, J. High Resolut. Chromatogr., 1991, 14, 507.

[2] A. Shitangkoon, D. U. Staerk, G. Vigh, Gas chromatographic separation of the enantiomers of volatile fluoroether anesthetics using derivatized cyclodextrin stationary phases. Part I, J. Chromatogr. A, 1993, 657, 387.

[3] V. Schurig, M. Juza, Approach to the thermodynamics of enantiomer separation by gas chromatography – Enantioselectivity between the chiral inhalation anesthetics enflurane, isoflurane and desflurane and a diluted γ-cylcodextrin derivative, J. Chromatogr. A, 1997, 757, 119.

[4] M. Juza, O. Di Giovanni, G. Biressi, V. Schurig, M. Mazzotti, M. Morbidelli, Continuous enantiomer separation of the volatile inhalation anesthetic enflurane with a gas chromatographic simulated moving bed unit, J. Chromatogr. A, 1998, 813, 333.

[5] V. Zelenak, M. Badanicova, D. Halamova, J. Cejka, A. Zukal, N. Murafa, G. Goerigk, Amine-modified ordered mesoporous silica: Effect of pore size on carbon dioxide capture, Chem. Eng. J., 2008, 144, 336.

[6] X.-H. Lai, Z.-W. Bai, S.-C. Ng, C.-B. Ching, Preparation and enantioseparation characteristics of two chiral stationary phases based on Mono(6A-azido-6A-deoxy)-Perphenylcarbamoylated α- and γ-cyclodextrin, Chirality, 2004, 16, 592.

[7] W. A. König, R. Krebber, P. Mischnik, Cyclodextrins as chiral stationary phases in capillary gas chromatography, J. High Resolut. Chromatogr., 1989, 12, 732.

[8] W. Tang, S.-C. Ng, Facile synthesis of mono-6-amino-6-deoxy-α-, β-, γ-cyclodextrin hydrochlorides for molecular recognition, chiral separation and drug delivery, Nat. Protoc., 2008, 3 (4), 691.

[9] J. Defaye, A. Gadelle, A. Guiller, R. Darcy, T. O'Sullivan, Branched thiocyclomalto-oligosaccharides: Synthesis and properties of 6-S-α- and 6-S-β-D-glucopyranosyl-6-thiocyclomaltoheptaose, Carbohydr. Res., 1989, 192, 251.

[10] L. D. Melton, K. N. Slessor, Synthesis of monosubstituted cyclohexaamyloses, Carbohydr. Res., 1971, 18, 29.

[11] K. Wihstutz, Selektive modifizierte Cyclodextrinderivate – Synthese und Anwendung in der enantioselektiven GC, HPLC und Elektrochromatographie, Dissertation, Hamburg, 2001.

[12] M. Juza, E. Braun, V. Schurig, Preparative enantiomer separation of the inhalation anesthetics enflurane, isoflurane and desflurane by gas chromatography on a derivatized γ-cyclodextrin stationary phase, J. Chromatogr. A, 1997, 769, 119.

[13] I. W. Muderawan, T.-T. Ong, S.-C. Ng, Urea bonded cyclodextrin derivatives onto silica for chiral HPLC, J. Sep. Sci., 2006, 29, 1849.

[14] Y. G. Gololobov, L. F. Kasukhin, Recent advances in the Staudinger reaction, Tetrahedron, 1992, 48 (8), 1353.

5.2 Einfluss der Oberflächenmodifikationen auf die enantioselektiven Trenneigenschaften der porösen Gläser

Dieser Abschnitt beginnt mit der Auswertung der im vorangegangenen Abschnitt beschriebenen Methoden der Charakterisierung der porösen Glaspartikel. Der Fokus liegt hierbei auf der Immobilisierung des Cyclodextrins als Selektor für die spätere Trennung des racemischen Desflurans. Dabei soll untersucht werden, ob es möglich ist, ein vergleichsweise voluminöses Immobilisat in einem nanoporösen Porensystem zu binden und welche Auswirkungen diese Immobilisierung auf die Beschaffenheit die poröse Struktur selbst hat. Für die Bewertung der Kapazität und Trennleistung der stationären Phase wird zudem die Beladung der Glaspartikel mit dem Selektor quantifiziert und die Formstabilität der Glaspartikel während der einzelnen Syntheseschritte und der Packung untersucht.

Anschließend soll die hergestellte Trennsäule zur analytischen Trennung einer racemischen Mischung des anästhetischen Gases Desfluran genutzt werden. Die Trennleistung der Säule wird mit Hilfe verschiedener Bedingungen getestet, um eine möglichst hohe Auflösung der Trennung zu erreichen. Darauf aufbauend werden Vorschläge für eine weitere Bearbeitung dieser Problemstellung im Hinblick auf die Charakterisierung und Optimierung der stationären Phase und der präparativen Anwendung diskutiert.

5.2.1 Charakterisierung der Glaspartikel

5.2.1.1 Stickstoff-Tieftemperatur-Adsorption

Mit Hilfe der Stickstoff-Tieftemperatur-Adsorption wurden das verwendete Trägermaterial charakterisiert sowie der Einfluss der Immobilisierung des Cyclodextrin-Selektors auf die Porenstruktur untersucht. Dies ist von besonderer Bedeutung, da das modifizierte Cyclodextrin einen vergleichsweise großen Durchmesser besitzt und damit potentiell zu einem Pore-Blocking führen kann. Weiterhin ist die Erreichbarkeit des immobilisierten Cyclodextrins essentiell für die gewünschte Funktion als Selektor.

Die Form der gemessenen Isothermen kann als Typ IV-Isotherme mit einer H1-Hystereseschleife charakterisiert werden.[1] Dies ist ein Zeichen für eine mesoporöse Porenstruktur mit vergleichsweise enger Porenverteilung. Eine sichtbare Veränderung der Isothermenform nach der Modifizierung oder

Immobilisierung tritt nicht auf. Jedoch sind Unterschiede in den Porenvolumina ersichtlich. Das gemessene Porenvolumen sinkt durch die Modifizierung der Oberfläche von 1,316 auf 0,977 cm^{3}g^{-1} und durch die Immobilisierung des Cyclodextrins auf 0,843 cm^{3}g^{-1}. Gleichzeitig verringert sich die spezifische Oberfläche von 319 auf 193 m^{2}g^{-1} sowie die Porosität von 0,74 auf 0,65. Beide Effekte können sicher auf die Verengung des Porensystems durch die eingebrachte Modifikation zurückgeführt werden. Es ist zu beobachten, dass die Aminosilanisierung der Oberfläche mit den vergleichsweise kleinen γ-Aminopropyltriethoxysilan-Molekülen wesentlich größere Auswirkungen auf das Porensystem der porösen Glaspartikel hat als die anschließende Immobilisierung des Cyclodextrins. Dies könnte mit dem teilweisen Verschließen von kleineren Poren und einer vergleichsweise geringen Konzentration immobilisierter Cyclodextrin-Ringe erklärt werden. Zur Bestimmung der Porenradienverteilungen wurden die Desorptionszweige der jeweiligen Isothermen mittels NLDFT und BJH analysiert. Die Ergebnisse sind in Abbildung 5-5 dargestellt.

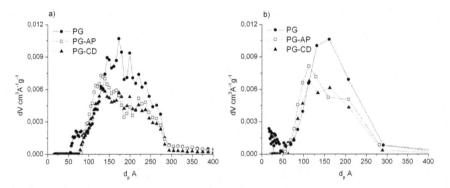

Abbildung 5-5: Porengrößenverteilungen aus den Desorptionszweigen der Isothermen der porösen Glaspartikel a) NLDFT b) BJH

Die bestimmte Porengrößenverteilung der unmodifizierten Glaspartikel zeigt für beide Auswertungen das Vorhandensein von Porendurchmessern im Bereich von 5 (NLDFT) bzw. 3 (BJH) bis etwa 28 nm. Nach der Modifizierung mit γ-Aminopropyltriethoxysilan ist ein deutlicher Abfall des Porenvolumens zu beobachten. Zudem verringert sich der häufigste Porendurchmesser nach der Modifizierung um ca. 5 nm. Weiterhin wurde die Fraktion der Poren mit Durchmessern kleiner 8 (NLDFT) bzw. 5 nm (BJH) durch die Modifizierung verschlossen. Nach der Immobilisierung des Cyclodextrins bleibt die Porenstruktur jedoch abgesehen von einer weiteren leichten Verringerung des Porenvolumens weitestgehend unverändert. Dieser Trend wird auch von den mittleren Porendurchmessern wiedergegeben, die durch die Modifizierung von 16,1 auf

11,2 nm (BJH) bzw. auf 13,0 nm (NLDFT) sinken, durch die Immobilisierung aber nicht weiter verändert werden.

Trotz der Reduktion des Porenvolumens und der spezifischen Oberfläche konnte die offene mesoporöse Mikrostruktur der Glaspartikel erhalten werden. Dies ist eine wesentliche Voraussetzung für die Zugänglichkeit der Selektoren im Porensystem. Die Gründe für die sehr geringen Auswirkungen der Immobilisierung der Cyclodextrin-Selektoren auf die Porenstruktur der Gläser können mit der Stickstoff-Tieftemperatur-Adsorption nicht vollständig geklärt werden und sollen daher im Folgenden weiter untersucht werden.

5.2.1.2 Thermogravimetrie / Differenzkalorimetrie

Die durchgeführten thermogravimetrischen Untersuchungen können erste Hinweise auf den Erfolg der Immobilisierung des Cyclodextrins geben. Für die untersuchten Glasproben wurden deutliche Unterschiede festgestellt.

Die Gewichtsreduktion der unmodifizierten Glaspartikel ist erwartungsgemäß mit 1,9 % sehr gering. Die daraus zu errechnende Konzentration der Hydroxylgruppen auf der Oberfläche beträgt 4,0 nm^{-2}. Sie ist damit deutlich unter den Werten der vermessenen Glasmembranen, was auf die unterschiedlichen Herstellungsbedingungen zurückgeführt werden kann. In Analogie zu den unmodifizierten Glasmembranen konnte zudem während der Wärmebehandlung eine endotherme Wärmetönung bis etwa 400 °C beobachtet werden, was die Abwesenheit von organischen Verunreinigungen zeigt.

Für die mit γ-Aminopropyltriethoxysilan modifizierten Glaspartikel konnte ein Gewichtsverlust von 6,15 % gemessen werden. Unter der Annahme, dass dieser vollständig der Pyrolyse der Aminopropylketten zuzuschreiben ist, ergibt sich eine Konzentration des Silans von 1,1 mmol g^{-1}. Aus der Kalorimetrie ergibt sich eine exotherme Wärmetönung zwischen 250 und 400 °C.

Nach der Immobilisierung zeigte die Thermogravimetrie eine Gewichtsreduktion um 12,75 %. Diese deutliche Differenz zu der Probe vor der Immobilisierung verdeutlicht die Anlagerung einer weiteren organischen Spezies an die Oberfläche des Glases, die im Weiteren näher untersucht wird. Weiterhin ist die mittels der Kalorimetrie gemessene exotherme Wärmetönung im Temperaturintervall 200 bis 400 °C deutlich breiter und ihr Maximum wurde bei einer um etwa 50 °C tieferen Temperatur als vor der Immobilisierung erreicht. Eine weitere Untersuchung der Immobilisierung wird im Folgenden mittels Elementaranalyse durchgeführt.

5.2.1.3 Elementaranalyse

Der Erfolg der Modifizierung der Glasoberfläche und der Immobilisierung des Cyclodextrins auf den Glaspartikeln wurden mit Hilfe der Elementaranalyse quantifiziert. Dazu wurde zunächst die Silankonzentration auf der Oberfläche des porösen Glases nach der Modifizierung anhand des Anteils an Stickstoff bestimmt. Anschließend wurde der Kohlenstoffanteil der Probe nach der Immobilisierung unter Berücksichtigung des Kohlenstoffanteils des eingebrachten Silans dazu genutzt, die Konzentration der immobilisierten Cyclodextrine zu errechnen. Die so erhaltenen Oberflächenkonzentrationen sind in Tabelle 5-5 zusammengefasst.

Tabelle 5-5: Oberflächenkonzentration der Silane und des Cyclodextrins auf den porösen Glaspartikeln

Probe	Konzentration, $mmol\ g^{-1}$	Oberflächenkonzentration, $\mu mol\ m^{-2}$	Silandichte, nm^{-2}
PG-AP	0,96	3,00	1,81
PG-CD	0,028	0,089	-

Die Oberflächenkonzentrationen wurden jeweils mit Bezug auf die spezifische Oberfläche der unmodifizierten Glaspartikel errechnet.

Die gemessene Oberflächenkonzentration der eingebrachten Silane ist mit $3,0\ \mu mol\ m^{-2}$ geringfügig höher als für die mit dem gleichen Silan modifizierte Glasmembran im vorangegangenen Kapitel. Dies kann mit dem größeren mittleren Porendurchmesser sowie der größeren äußeren Oberfläche der porösen Glaspartikel erklärt werden. Bezogen auf die geringere Konzentration der Oberflächenhydroxylgruppen der porösen Glaspartikel ist dieser Unterschied noch deutlicher. Es ergibt sich ein Verhältnis von einem Silan-Molekül auf 2,2 Hydroxylgruppen. Da der Anteil des gemessenen Kohlenstoffs im Vergleich zum Stickstoffanteil keine Hinweise auf verbliebene Ethoxy-Gruppen an den Silanen gibt, kann eine teilweise Polymerisierung der γ-Aminopropyltriethoxysilan-Moleküle auf der Oberfläche des Glases vermutet werden. Wie bereits gezeigt, wurde die offene Porenstruktur davon nur wenig beeinflusst.

Die Konzentration der Cyclodextrin-Selektoren auf der Oberfläche ist wesentlich geringer. Mit $0,089\ \mu mol\ m^{-2}$ bindet ein Cyclodextrin pro 34 Amin-Gruppen. Dies kann zum einen mit der molekularen Größe des verwendeten Cyclodextrins, zum anderen mit entsprechenden sterischen Hinderungen einer Reaktion zwischen der Azid-Gruppe des Cyclodextrins und den Amin-Gruppen auf der Oberfläche begründet werden. Trotzdem ist die erreichte

Oberflächenkonzentration mit den in der Literatur angegebenen Werten vergleichbar. So berichten Lai et al.[2] von einer Konzentration von 0,035 μmol m^{-2} für ein Derivat des γ-Cyclodextrins sowie von 0,119 μmol m^{-2} für ein Derivat des kleineren α-Cyclodextrins. Zhang et al.[3] immobilisierten auf dieselbe Weise 0,14 μmol m^{-2} eines derivatisierten β-Cyclodextrins.

Auch andere Syntheseansätze zur Immobilisierung zeigen ähnliche Oberflächenkonzentrationen. Belyakova et al.[4] immobilisieren 0,29 μmol m^{-2} eines β-Cyclodextrins durch eine direkte Umsetzung des Mono(6-Toluolsulfonyl)-β-Cyclodextrins mit einer aminopropyl-funktionalisierten Oberfläche. Mit Hilfe einer Hydrosilylierung konnten Bai et al.[5] 0,074 bis 0,145 μmol m^{-2} verschiedener Derivate des β-Cyclodextrins binden. Guo et al.[6] nutzen den Ansatz der „click-Chemie", um 0,61 μmol m^{-2} eines β-Cyclodextrins zu immobilisieren. Die Unterschiede zu dem hier verwendeten Ansatz sind unter anderem die geringere Größe der immobilisierten Cyclodextrine und die größeren Porengrößen und kleinere Partikelgrößen der Trägermaterialien der in der Literatur veröffentlichten Arbeiten.

5.2.1.4 Partikelgrößenverteilung

Da die Form und die Größe der verwendeten Glaspartikel direkten Einfluss auf den Prozess der Chromatographie haben, wurden die Partikel vor und nach der chemischen Immobilisierung sowie nach der Packung der Säulen untersucht. Sowohl die nasschemischen Modifizierungen der Oberfläche unter ständigem Rühren als auch die Packung unter einem Druck von 15 bar stellen mechanische Beanspruchungen des Materials dar. Da das verwendete poröse Glas zudem mit einer Porosität von 0,74 mechanisch instabil ist, kann ein Bruch der einzelnen Glaspartikel und damit eine Beeinflussung der Partikelgrößenverteilung nicht ausgeschlossen werden.

Die Ergebnisse der Partikelgrößenverteilung der unmodifizierten Glaspartikel zeigen eine Verteilung zwischen 80 und etwa 400 μm mit kleinen Spuren bei 10 und 40 μm. Diese so genannten „Fines" sind durch den Herstellungsprozess bedingt, machen jedoch nur einen sehr kleinen Teil der Partikel aus. Dass die Verteilung trotz der Siebung auf 130 μm bis 400 μm reicht, kann mit der Form der Partikel begründet werden. Da die verwendeten Glaspartikel nicht sphärisch, sondern irregulär geformt sind, besitzen sie unterschiedliche Kantenlängen, die die Partikelgrößenverteilung verbreitern. Der bestimmte mittlere Partikeldurchmesser der unbehandelten Glaspartikel beträgt 148 μm.

Nach der nasschemischen Modifizierung und Immobilisierung des Selektors ist die Partikelgrößenverteilung nahezu unverändert. Durch die Reduzierung des Anteils an Partikel unter 20 µm steigt der mittlere Durchmesser auf 154 µm. Durch die Packung einer Säule mit diesem Material verringert sich der mittlere Durchmesser jedoch auf 139 µm und die Verteilung verschiebt sich leicht zu kleineren Partikeldurchmessern.

Die mechanische Beanspruchung des Packens einer Säule erreicht damit die Grenze der Belastbarkeit dieser Partikel. Da der hierbei verwendete Druck jedoch wesentlich höher ist, als während einer gaschromatographischen Trennung ist ein weiterer Bruch der Partikel während der Anwendung unwahrscheinlich.

5.2.2 Chromatographische Trennung von Desfluran

Die gaschromatographische Trennung des Modellsystems R/S-Desfluran erfolgte anhand der unverdünnten Substanz. Dazu wurden 0,1 bis 0,5 µl der reinen Substanz durch einen Einlass mit Verdampfereinheit direkt auf die Säule injiziert. Als Trägergas wurde in allen Messungen Helium verwendet. Die maximal angewandte Temperatur lag bei allen Temperaturprogrammen bei 100 °C, um einer thermischen Zersetzung des Selektors oder der Bindung zwischen Selektor und Trägermaterial vorzubeugen.

Trotz der relativ geringen Konzentration der Cyclodextrine auf der Oberfläche des porösen Glases und der hohen Porosität des Materials wurden starke Wechselwirkungen zwischen dem Anästhetikum und der stationären Phase festgestellt. Dies äußerte sich in einer sehr starken Retention des Desflurans bei Temperaturen unterhalb 50 °C. Es ist unsicher, ob diese Wechselwirkungen mit dem Glasträger, eventuell vorhandenen Resten von Hydroxylgruppen, der Amin-Modifizierung oder dem immobilisierten Selektor bestehen. Durch eine Erhöhung der Messtemperatur auf 90 °C war es möglich, die Retentionszeit stark zu verkürzen.

Die schwierige Trennung von Enantiomeren ist jedoch aufgrund der sehr geringen, für eine Trennung nutzbaren Unterschiede zwischen den Enantiomeren stark temperaturabhängig. So wurde für die chirale Diskriminierung von Mandelsäure-Methylester an nativem β-Cyclodextrin ein Unterschied in der freien Enthalpie der gebildeten Selektor-Gast-Komplexe von 180 J mol⁻¹ und für 3-Brom-2-methyl-1-propanol an derselben Phase von nur 40 J mol⁻¹ festgestellt.[7] Daher wurde die Trennung chiraler Anästhetika bei möglichst geringen Temperaturen durchgeführt.[8] Die unterschiedlichen Wechselwirkungen der Enantiomere mit den Selektoren der stationären Phase drücken sich im Trennfaktor für das jeweilige

Enantiomerengemisch aus. Dieser ist das Verhältnis der Bindungskonstanten der Enantiomeren mit dem Selektor. Bei steigender Temperatur nimmt dieses Verhältnis ab, bis die stationäre Phase für das Enantiomerengemisch unselektiv reagiert (isoenantioselektive Temperatur).[9] Für die, dem in dieser Studie verwendeten Selektor sehr ähnlichen, stationären Phase Octakis(3-O-butyryl-2,6-di-O-pentyl)-γ-Cyclodextrin, wurden isoenantioselektive Temperaturen für die Herbizide 2-(2,4-dichlorophenoxy)-Propansäuremethylester und 2-(4-chloro-2-methylphenoxy)-Propansäuremethylester von 115 bzw. 135 °C festgestellt.[10] Andere Trennungen, zum Beispiel von Aminosäuren, Hydroxysäuren und Alkoholen konnten an diesem Material jedoch bis 190 °C durchgeführt werden.[11]

Im Rahmen dieser Arbeit wurden daher Temperaturprogramme angewendet, die zunächst bei einer möglichst niedrigen Temperatur eine enantioselektive Trennung ermöglichen und anschließend mittels einer Temperatur-Rampe die Retentionszeit verkürzen sollten. Die besten so erhaltenen Trennungen sowie die genutzten Temperaturprogramme sind in Abbildung 5-6 dargestellt.

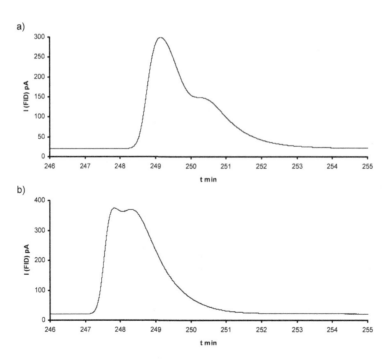

Abbildung 5-6: Erhaltene Chromatogramme für die Trennung von racemischen Desfluran:
a) 0,3 μl Desfluran, 350 kPa, 30 °C (120 min) → 40 °C (30 Kmin⁻¹, 120 min) → 90 °C
(30 Kmin⁻¹, 20 min), b) 0,3 μl Desfluran, 350 kPa, 35 °C (240 min) → 90 °C (30 Kmin⁻¹,
20 min)

Es konnte demnach unter den genannten Bedingungen keine Basislinientrennung des Desflurans erreicht werden. Trotzdem ist anhand der Chromatogramme zu erkennen, dass das synthetisierte Material eine enantioselektive Wirkung für das racemische Desfluran hat. Weiterhin konnte bestätigt werden, dass die enantioselektive Wirkung dieses Selektors auch durch ein Gemisch unterschiedlich alkylierter Derivate des Cyclodextrins erreicht werden kann.[12] Die Synthese des Cyclodextrin-Selektors führt unter den gewählten Bedingungen zu einer Mischung aus über- und unterpentylierten Cyclodextrin-Derivaten.[12] Da eine Aufreinigung des Gemisches mit Hilfe einer Flüssigchromatographie speziell für größere Reaktionsansätze sehr zeitaufwendig ist und zudem die Ausbeute stark verringert, erscheint die Verwendung des Derivate-Gemisches auch für eine weitere Bearbeitung vorteilhaft.

Der für die Temperatur-Programme erreichte scheinbare Trennfaktor[9] der hergestellten Säule für das Desfluran-Racemat wurde aus den Retentionszeiten der Peakmaxima (Gleichung 2-38) bestimmt:

$$S_{1,2}^{mix,chrom} = \frac{t_{R,1} - t_{Mo}}{t_{R,2} - t_{Mo}}, \tag{5-1}$$

wobei t_M die Mobilzeit des Trägergases und t_R die Retentionszeit der Analyten darstellen.

Ausgehend von den sehr hohen Retentionszeiten für die Temperaturprogramme werden scheinbare Trennfaktoren für die Racematspaltung von 1,005 bzw. 1,002 errechnet. Diese sind wesentlich geringer als der für dieses System in der Literatur angegebene Wert von 1,69[13], welcher jedoch mit einer Kapillarsäule bei 26 °C erreicht wurde. Der Unterschied ist daher zum einen auf die starken unspezifischen, die Retentionszeiten erhöhenden Wechselwirkungen und zum anderen auf die notwendige hohe Säulentemperatur zurückzuführen.

Die Modifikation der porösen Glaspartikel mit einem Cyclodextrin-Derivat zeigt demnach eine enantioselektive Wirkung, die von der unspezifischen Adsorption des Analyten auf dem Trägermaterial teilweise überdeckt wird. Die erreichten Trennfaktoren sind für eine analytische Trennung zu gering, zeigen jedoch die prinzipielle Eignung der Modifikation für das Modellsystem.

5.2.3 Fazit

In diesem Kapitel wurde eine Immobilisierung eines chiralen Selektors zur Schaffung enantioselektiver Wechselwirkungen zwischen dem modifizierten Material und einer racemischen Mischung eines anästhetischen Gases untersucht. Trotz einer starken, unspezifisch wirkenden Retention der hergestellten stationären Phase konnte eine Antrennung des Gemischs im analytischen Maßstab erzielt werden. Es war daher möglich, einem achiralen Material durch eine chirale Oberflächenmodifizierung eine enantioselektive Wirkung zu geben.

Das Porensystem der verwendeten Glaspartikel wurde dabei vor allem durch den ersten Syntheseschritt, der Anbindung eines Amino-trialkoxysilans verändert. Die nachfolgende Immobilisierung des Cyclodextrins hatte dagegen nur noch geringen Einfluss auf die Mikrostruktur.

Die hergestellte stationäre Phase zeigte eine starke unspezifische Retention für das Racemat des Desflurans. Diese ist wahrscheinlich auf Wechselwirkungen mit dem Glasträger oder der eingebrachten Amino-Modifizierung zurückzuführen. Der synthetisierte Selektor bestand aus einer Mischung verschiedener Derivate eines modifizierten Cyclodextrins und zeigte eine Enantioselektivität für das gewählte Modellsystem. Die für die verwendete stationäre Phase beste Trennwirkung wurde durch Temperaturprogramme von 30 auf 90 °C erreicht, wobei die beobachteten Retentionszeiten für eine weitere Verwendung dieser stationären Phase zu lang sind.

Nach Aufzeigen einer Antrennung muss zur Erweiterung des Anwendungspotenzials dieser Modifizierung sowohl das Trägermaterial als auch die Oberflächenmodifikation selbst optimiert werden.

Bezüglich des porösen Trägersystems erscheinen Veränderungen sowohl der makroskopischen Form der Partikel als auch der Mikrostruktur viel versprechend. Die Nutzung von regulär geformten Partikeln in Form von Mikrokugeln kann zu einer homogeneren und dichteren Packung der stationären Phase in den Säulen führen und damit einer Verbreiterung der Peaks entgegenwirken. Weiterhin kann dadurch eine engere Partikelgrößenverteilung erreicht werden. Zudem kann damit unter Umständen eine höhere mechanische Belastbarkeit der Partikel bewirkt und ein Bruch dieser Partikel während der Synthese oder der Packung der stationären Phase verhindert werden. Nach den Ergebnissen dieser Arbeit wird zudem eine Erhöhung des Porendurchmessers und des Porenvolumens der Glaspartikel als vorteilhaft angesehen, um den Druckverlust der hergestellten Säulen und damit die

Retentionszeiten zu reduzieren. Weiterhin können so eine mögliche Porenkondensation und damit verbundene Flaschenhalseffekte vermieden werden.

Zur Erhöhung der Oberflächenkonzentration der gebundenen Selektoren kann weiterhin die Immobilisierungsprozedur optimiert werden. So kann ein größerer mittlerer Porendurchmesser des porösen Trägers unter Umständen die Zugänglichkeit des Porensystem für die Selektoren während der Immobilisierung verbessern und so zu höheren Konzentrationen des Cyclodextrins auf der Oberfläche führen. Weiterhin kann der Einsatz eines längeren „Spacers" zwischen dem Silizium-Atom und der Amino-Gruppe des Amino-trialkoxysilans zu einer höheren sterischen Flexibilität der Amino-Gruppe während der Staudinger-Reaktion des Amins mit der Azid-Gruppe des Cyclodextrins und damit zu höheren Ausbeuten für die Immobilisierung führen. Zuletzt sollte auch der Einsatz einer Immobilisierung mittels „click"-Chemie[14] geprüft werden. Für eine Kontrolle der Cyclodextrin-Verteilung auf bzw. in dem Glas kann die IR-Micro-Imaging-Technik genutzt werden.[15,16]

Zum besseren Verständnis der unspezifischen Adsorption auf den Trägern und des Trennmechanismus der Cyclodextrin-Selektoren ist es nötig, Adsorptions-Isothermen des Desflurans auf dem modifizierten Material aufzunehmen. Dazu bieten sich Versuche mittels Frontalanalyse[17] an, welche auch Rückschlüsse auf die Transportkoeffizienten erlauben. Durch eine weitere Analyse des unmodifizierten Materials und des amino-modifizierten Glases kann unter Umständen auf die Ursache der starken unspezifischen Adsorption geschlossen werden. Dieser kann dann zum Beispiel durch die Umsetzung eventuell noch vorhandener Oberflächenhydroxylgruppen durch Hexamethyldisilazan[18,19] („End Capping"), einer geringeren Konzentration der Amino-Gruppen auf der Oberfläche des Glases oder dem Einsatz eines anderen Immobilisierungsweges entgegengewirkt werden.

Im weiteren Verlauf kann dieses System durch das Packen von Säulen mit größerem Volumen auf einen präparativen Maßstab erweitert werden. Dies würde es ermöglichen, reines S- bzw. R-Desfluran herzustellen und die unterschiedlichen Wechselwirkungen der einzelnen Enantiomeren mit der modifizierten Oberfläche zu charakterisieren. Weiterhin ist prinzipiell die Umsetzung einer kontinuierlichen Trennung durch eine Mehrsäulenschaltung in Form einer Druckwechseladsorption oder einer „Simulated moving bed"-Konfiguration[20] oder die Verwendung eines Membranprozesses analog Kapitel 4 dieser Arbeit möglich. Dies muss Folgearbeiten vorbehalten sein.

Die Immobilisierung eines chiralen Selektors auf der Oberfläche eines porösen Trägers ist unter Verwendung entsprechend modifizierter Cyclodextrine auch für andere chirale Gase wie etwa Geruchsstoffe durchführbar.

[1] K. S. W. Sing, D. H. Everett, R. A. W. Haul, L. Moscou, R. A. Pierotti, J. Rouquerol, T. Siemieniewska, Reporting physisorption data for gas/solid systems with special reference to the determination of surface area and porosity, Pure & Appl. Chem., 1985, 57 (4), 603.

[2] X.-H. Lai, Z.-W. Bai, S.-C. Ng, C.-B. Ching, Preparation and enantioseparation characteristics of two chiral stationary phases based on Mono(6A-azido-6A-deoxy)-Perphenylcarbamoylated α- and γ-cyclodextrin, Chirality, 2004, 16, 592.

[3] Z.-B. Zhang, W.-G. Zhang, W.-J. Luo, J. Fan, Preparation and enantioseparation characteristics of a novel chiral stationary phase based on mono (6^A-azido-6^A-deoxy)-per(p-chlorophenylcarbamoylated) β-cyclodextrin, J. Chromatogr., A, 2008, 1213, 162.

[4] L. A. Belyakova, A. N. Shvets, A. F. Denil de Namor, The adsorption of mercury(II) on the surface of silica modified with β-cyclodextrin, Russ. J. Phys. Chem. A, 2008, 82 (8), 1357.

[5] Z.-W. Bai, X.-H. Lai, L. Chen, C.-B. Ching, S.-C. Ng, Arylcarbamoylated allylcarbamido-β-cyclodextrin: synthesis and immobilization on nonfunctionalized silica gel as a chiral stationary phase, Tetrahedron Lett., 2004, 45, 7323.

[6] Z. Guo, Y. Jin, T. Liang, Y. Liu, Q. Xu, X. Liang, A. Lei, Synthesis, chromatographic evaluation and hydrophilic interaction/reversed-phase mixed-mode behavior of a "click β-cyclodextrin" stationary phase, J. Chromatogr., A, 2009, 1216, 257.

[7] M. V. Rekharsky, Y. Inoue, Complexation and chiral recognition thermodynamics of 6-Amino-6-deoxy-β-cyclodextrin with anionic, cationic and neutral chiral guests: counterbalance between van der Waals and coulombic interactions, J. Am. Chem. Soc., 2002, 124, 813.

[8] J. Meinwald, W. R Thompson, D. L. Pearson, W. A. König, T. Runge, W. Francke, Inhalational anesthetics stereochemistry: optical resolution of Halothane, Enflurane, and Isoflurane, Science, 1991, 251, 560.

[9] P. Levkin, Practice and theory of gas chromatographic enantioseparation on single- and binary-selector chiral stationary phases, Dissertation, Tübingen, 2007.

[10] W. A. König, D. Icheln, T. Runge, B. Pfaffenberger, P. Ludwig, H. Hühnerfuss, Gas chromatographic enantiomer separation of agrochemicals using modified cyclodextrins, J. High Resolut. Chromatogr., 1991, 14, 530.

[11] W. A. König, R. Krebber, P. Mischnik, Cyclodextrins as chiral stationary phases in capillary gas chromatography, J. High Resolut. Chromatogr., 1989, 12, 732.

[12] M. Juza, O. Di Giovanni, G. Biressi, V. Schurig, M. Mazzotti, M. Morbidelli, Continuous enantiomer separation of the volatile inhalation anesthetic enflurane with a gas chromatographic simulated moving bed unit, J. Chromatogr. A, 1998, 813, 333.

[13] M. Juza, E. Braun, V. Schurig, Preparative enantiomer separation of the inhalation anesthetics enflurane, isoflurane and desflurane by gas chromatography on a derivatized γ-cyclodextrin stationary phase, J. Chromatogr. A, 1997, 769, 119.

[14] F. Santoyo-Gonzalez, F. Hernandez-Mateo, Silica-based clicked hybrid glyco materials, Chem. Soc. Rev., 2009, 38, 3449.

[15] C. Chmelik, H. Bux, J. Caro, L. Heinke, F. Hibbe, T. Titze, J. Kärger, Mass transfer in a nanoscale material enhanced by an opposing flux, Phys. Rev. Lett., 2010, 104, 085902.

[16] C. Chmelik, D. Enke, P. Galvosas, O. Gobin, A. Jentys, H. Jobic, J. Kärger, C.B. Krause, J. Kullmann, J. Lercher, S. Naumov, D.M. Ruthven, T. Titze, Nanoporous glass as a model system for a consistency check of the different techniques of diffusion measurement, ChemPhysChem, 2011, 12 (6), 1130.

[17] O. Lisec, P. Hugo, A. Seidel-Morgenstern, Frontal analysis method to determine competitive adsorption, J. Chromatogr. A, 2001, 908, 19.

[18] V. M. Gun'ko, M. S. Vedamuthu, G. L. Henderson, J. P. Blitz, Mechanism and kinetics of Hexamethyldisilazane reaction with a fumed silica surface, J. Colloid Interface Sci., 2000, 228, 157.

[19] M. Rückriem, A. Inayat, D. Enke, R. Gläser, W.-D. Einicke, R. Rockmann, Inverse gas chromatography for determining the dispersive surface energy of porous silica, Colloids Surf. A, 2010, 357 (1-3) 21.

[20] J. Bentley, Q. Huang, Y. Kawajiri, M. Eic, A. Seidel-Morgenstern, Optimizing the separation of gaseous enantiomers by simulated moving bed and pressure swing adsorption, Adsorption, 2011, 17, 159.

6 Zusammenfassung und Perspektiven

Chemische Oberflächenmodifikationen poröser Materialien besitzen das Potential die Möglichkeiten der Anwendung dieser Stoffklasse unter anderem im Bereich der Stofftrennung erheblich zu erweitern. Dazu sind neben der Optimierung der Wechselwirkungen der eingebrachten funktionellen Gruppen mit der Zielkomponente weitergehende Studien zur Beeinflussung des Porensystems durch die Modifikation nötig.

Vor diesem Hintergrund wurden in dieser Arbeit zwei Modellsysteme zur Bewertung von Oberflächenmodifikationen genutzt. Die Mischungen ähnlicher Gase wurden jeweils mit Hilfe von oberflächenmodifizierten porösen Gläsern in einem Membranprozess bzw. durch Gaschromatographie getrennt. Dabei wurden neben den Wechselwirkungen zwischen den eingebrachten funktionellen Gruppen und der jeweiligen Zielkomponente in den Gemischen vor allem die Charakteristik der porösen Struktur und die mögliche Implementierung der Modifikation in den jeweiligen Aufbau des Trennprozesses untersucht. Das erste Modellsystem umfasste die Trennung einer Kohlenstoffdioxid / Propan-Mischung durch zwei amin-modifizierte Glasmembranen. Hierbei lag der Fokus einerseits auf der Etablierung einer Trennleistung für diese, aufgrund des gleichen Molekulargewichtes im Knudsen-Mechanismus nicht trennbaren Gase und andererseits auf der Nutzung der Carbamatbildung des Kohlenstoffdioxids mit dem Aminen in einem Stofftransportprozess. Das zweite Modellsystem war die gaschromatographische Racematspaltung des chiralen, anästhetischen Gases Desfluran. Hier wurde die Möglichkeit der Einbringung einer enantioselektiven Funktion auf das achirale poröse Glas untersucht, wobei der Fokus erneut auf der Erhaltung der Porenstruktur und der Anwendbarkeit der Modifikation im vorgeschlagenen Trennprozess lag.

In diesem Kapitel sollen zunächst die modellübergreifenden Ergebnisse dieser Untersuchungen in einer Übersicht dargestellt werden. Anschließend werden die spezifischen Ergebnisse der einzelnen Modellsysteme präsentiert und die in der Einleitung gestellten Fragen beantwortet. Zudem sollen Vorschläge für die weitergehende Bearbeitung der beiden Modellprobleme sowie des Potentials der Oberflächenmodifikation in der Stofftrennung diskutiert werden.

© Springer Fachmedien Wiesbaden GmbH, ein Teil von Springer Nature 2013
D. Stoltenberg, *Oberflächenmodifikation von porösen Gläsern zur Trennung von Gemischen ähnlicher Gase durch Membranverfahren und Adsorption*, Edition KWV,
https://doi.org/10.1007/978-3-658-24663-1_6

6.1 Übersicht der Ergebnisse

In dieser Arbeit wurden die Oberflächen von porösen Gläsern durch die Immobilisierung von funktionellen Trialkoxysilanen modifiziert, um spezifische Wechselwirkungen zwischen der Oberfläche und einer Zielkomponente in einem Gasgemisch zu erzeugen. Dabei konnte für beide Modellsysteme eine Oberflächenfunktionalisierung eingebracht werden, die eine Selektivität mit der Zielkomponente zeigte. Die Oberflächenchemie der porösen Gläser und damit die Wechselwirkungen mit den Gasen der Gasmischungen konnte so grundlegend verändert werden. Für das erste Modellsystem Kohlenstoffdioxid / Propan wurde durch die Modifizierung eine starke Bindung des Kohlenstoffdioxids durch eine Carbamatbildung an der Oberfläche ermöglicht. Im zweiten Modellsystem war es möglich, dem achiralen Material durch eine Immobilisierung eines Cyclodextrin-Derivates eine enantioselektive Wirkung zu geben.

Neben diesen spezifischen Wechselwirkungen mit der jeweiligen Zielkomponente des Gasgemisches wurden für beide Systeme weitere unspezifische Wechselwirkungen mit den anderen Bestandteilen des Modellsystems festgestellt. Diese waren durch die Struktur der eingesetzten Immobilisate bedingt und konnten daher nicht weiter minimiert werden.

Die Porenstruktur der eingesetzten porösen Gläser wurde dabei von den eingebrachten Modifikationen unterschiedlich stark beeinflusst. Abhängig von der Größe der immobilisierten Moleküle und den mittleren Porendurchmessern der Glasträger konnten die Veränderungen der Porenstruktur mittels Stickstoff-Tieftemperatur-Adsorption charakterisiert werden. Trotzdem konnten nicht alle experimentell ermittelten Ergebnisse mit den Daten der Charakterisierung erklärt werden, so dass weitere Veränderungen der Mikrostruktur, z.B. durch die Bildung einer Silikat-Schicht auf der äußeren Oberfläche der Gläser als wahrscheinlich angesehen werden können. Diese möglichen Auswirkungen einer Oberflächenmodifikation auf die Porenstruktur des Trägers sollten für eine Anwendung dieser Materialien bereits bei der Synthese des Trägers berücksichtigt werden.

Im Folgenden werden die Ergebnisse der Untersuchungen der beiden Modellsysteme mittels eines Membranverfahrens und einer gaschromatographischen Trennung jeweils genauer erläutert.

6.1.1 Membrangestützte Trennung zweier Gase gleichen Molekulargewichtes (Modellsystem 1)

Zur Untersuchung des Potentials einer Amin-Modifizierung für die Trennung eines Kohlenstoffdioxid / Propan-Gemisches wurden zwei poröse Glasmembranen mit Porengrößen im unteren Mesoporenbereich mit einem Mono- (M3) bzw. Triamin (M4) modifiziert. Die Immobilisierung wirkte sich aufgrund der verschiedenen Kettenlängen dieser Silane unterschiedlich stark auf die Porenstruktur der Membranen aus, was anhand der Porosität und der spezifischen Oberflächen der Membranen gezeigt werden konnte. In beiden Fällen änderte sich der errechnete mittlere Porendurchmesser jedoch nur geringfügig.

Die eingeführten Amin-Gruppen führten für beide Modifikationen zu einer erheblichen Steigerung der Adsorptionsselektivitäten zwischen Kohlenstoffdioxid und Propan. Weiterhin waren die gebildeten Carbamate auf der Oberfläche der modifizierten Membranen im Gegensatz zum physisorbierten Kohlenstoffdioxid auf den unmodifizierten Membranen sehr temperaturstabil und führten bereits bei geringen Partialdrücken zu Beladungen nahe der Sättigungsbeladung.

Die Permeabilitäten der Membranen wurden durch die Modifikationen zum Teil erheblich verringert. Während die leichte Reduktion der Permeabilität der Mono-Amin-modifizierten Membran M3 mit den durch die Struktur-Charakterisierung erhaltenen Daten erklärbar ist, zeigt die Triamin-modifizierte Membran M4 einen wesentlich stärkeren Abfall in der Permeabilität. Auch die ermittelten Parameter für die Porendiffusion zeigen, dass der für die Triamin-modifizierte Membran M4 gefundene mittlere Porendurchmesser die veränderte Mikrostruktur nicht ausreichend wiedergibt. Trotzdem konnte das Stofftransportverhalten der eingesetzten Membranen mit etablierten Modellgleichungen als Summe der Gasdiffusion (Knudsen-Diffusion, viskoser Fluss) und Oberflächendiffusion beschrieben werden.

Die Oberflächenmodifikation der Membranen wirkte sich in besonderer Weise auf den Einzelgas-Transport von Kohlenstoffdioxid aus. Auf der Mono-Amin-modifizierten Membran M3 wurde die Oberflächendiffusion von CO_2 aufgrund der Carbamatbildung auf der Oberfläche nahezu vollständig eliminiert. Dieser Effekt konnte unter den in dieser Studie möglichen Temperaturen nicht aufgehoben werden. Die mit einem Triamin modifizierte Membran M4 zeigte hingegen einen Anstieg der CO_2-Permeabilität ab einer Temperatur von etwa 350 K, was mit der Lockerung der Bindung als Carbamat erklärt werden konnte. Es konnte für das Gasgemisch Kohlenstoffdioxid / Propan eine Selektivitätsumkehr dieser Membran bei 350 K festgestellt werden. Weiterhin wurde ein Anstieg der

Selektivität für CO_2 mit Verringerung des Partialdrucks von Kohlenstoffdioxid im Gasgemisch festgestellt. Dies konnte auf die begrenzte Anzahl von Amin-Gruppen auf der Oberfläche der Membran und das Adsorptionsverhalten von CO_2 zurückgeführt werden.

Es ist anzumerken, das die hier hergestellten Testmembranen im Hinblick auf die erreichten Selektivitäten als auch aufgrund der verringerten Permeabilitäten für eine Anwendung in der Stofftrennung noch nicht genutzt werden können. Trotzdem konnte gezeigt werden, wie sich die Modifikation der Oberflächenchemie einer Membran auf den Stofftransport einer Gasmischung und insbesondere einer bestimmten Zielkomponente auswirkt. Eine selektive Beeinflussung der Diffusion einer Zielkomponente durch die Einbringung spezifischer Wechselwirkungen zwischen dieser und der Oberfläche ist demnach möglich.

6.1.2 Chromatographische Trennung eines Racemates (Modellsystem 2)

Die Möglichkeit der Anbindung komplexerer Moleküle an die Oberfläche eines porösen Glases wurde genutzt, um mit einem Cyclodextrin-Derivat einen Selektor für eine Enantiomerentrennung zu immobilisieren. Trotz der Größe des Selektors wurde die Mikrostruktur der mesoporösen Glaspartikel hauptsächlich durch die vorhergehende Modifikation mit einem Monoamin verändert. Neben der Porosität und der spezifischen Oberfläche wurde auch der mittlere Porendurchmesser durch die Behandlung verringert.

Während der durchgeführten Pulsversuche an der hergestellten stationären Phase wurde eine sehr starke Retention des racemischen Desflurans an dem Material festgestellt. Trotz dieser unspezifischen Bindung konnte mit Hilfe eines Temperatur- und Druckprogrammes eine Antrennung des Racemates erreicht und damit eine enantioselektive Wirkung der eingebrachten Oberflächenmodifikation gezeigt werden.

Obwohl mit dem hergestellten Material keine Basislinientrennung bewirkt werden konnte, kann es bei entsprechender Weiterentwicklung für eine Enantiomerentrennung im präparativen Maßstab oder in einem kontinuierlichen Prozess genutzt werden.

6.2 Beantwortung der Ausgangsfragen

Anhand der in dieser Arbeit untersuchten Modellsysteme sollen nun die eingangs in Kapitel 1 gestellten Fragen bezüglich der Anwendbarkeit einer Oberflächen-modifizierung poröser Materialen beantwortet werden.

> (1) Ist eine Modifizierung der Oberflächenchemie unter Beibehaltung der wesentlichen strukturellen Parameter möglich?

In der vorliegenden Arbeit wurden zwei Porensysteme mit Porendurchmessern im unteren bzw. mittleren Mesoporenbereich durch unterschiedlich lange Trialkoxysilane modifiziert bzw. zusätzlich ein Cyclodextrin-Derivat eingebracht. Die strukturellen Parameter wurden dadurch in Abhängigkeit der von der Molekülgröße des Immobilisats und der anfänglichen Größe des Porensystems unterschiedlich stark beeinflusst. Die Behandlung der Materialien mit den verwendeten Trialkoxysilanen führte in allen Fällen zu einer Reduktion des Porenvolumens und der spezifischen Oberfläche, wobei die offene Porenstruktur der Materialien erhalten werden konnte. Es wurde weiterhin eine Abhängigkeit der Stärke dieser Reduktion von der Kettenlänge des eingebrachten Silans festgestellt. So wurde die Porenstruktur durch die Behandlung mit 3-[2-(2-Aminoethylamino)ethylamino]propyltrimethoxysilan teilweise maskiert. Es konnte zudem gezeigt werden, dass durch die durchgeführten Modifikationen vor allem die Poren mit kleineren Durchmessern verschlossen werden, während größere Poren nur geringfügig verengt werden. Die weitere Immobilisierung eines voluminösen Moleküls auf der modifizierten Oberfläche zeigte hingegen nur noch geringe Veränderungen der Porenstruktur.

Eine Modifizierung der Oberflächenchemie unter vollständiger Konservierung der Porenstruktur war in dieser Arbeit demnach nicht möglich. Jedoch konnte ein Blockieren der Mikrostruktur durch die Immobilisierung vermieden werden. Zudem ist es wahrscheinlich, dass die Auswirkungen der Modifikation auf das Porensystem durch die Verwendung von kürzerkettigen Silanen mit nur einer reaktiven Alkoxy-Gruppe vermindert werden können.

Bei entsprechender Optimierung der Synthesebedingungen ist es generell möglich, die wesentlichen strukturellen Parameter des porösen Materials nahezu vollständig zu erhalten.

(2) Wie wirkt sich eine chemische Oberflächenmodifizierung auf den Gesamtstofftransport durch ein Porensystem aus?

Aufgrund der genannten Verengung der Porenstruktur der Träger bewirkten die Oberflächenmodifizierungen in dieser Arbeit zunächst eine Verringerung des Stofftransports aller Spezies durch die Poren. Dies ist zum einen auf das verringerte Porenvolumen (und damit die Porosität) und zum anderen auf die kleineren Porendurchmesser der modifizierten Membranen zurückzuführen, die für die Mechanismen der Knudsen-Diffusion und des viskosen Flusses ausschlaggebend sind. Einen stärkeren Einfluss hatten die Modifikationen auf die Oberflächendiffusion der Zielkomponente CO_2, da die Anzahl und die Art der möglichen Adsorptionsplätze auf der Oberfläche geändert wurden. Während die Oberflächendiffusion von Kohlenstoffdioxid auf den unmodifizierten Membranen mit steigender Temperatur abfiel, setzte sie auf der modifizierten Membran M4 erst bei Temperaturen oberhalb 350 K ein. Auf der Mono-Amin-modifizierten Membran M3 war dieser Mechanismus aufgrund der eingeschränkten Mobilität des als Carbamat gebundenen Kohlenstoffdioxids auf der Oberfläche stark gehemmt.

Obwohl damit nur einer der drei in mesoporösen Materialien wirksamen Diffusionsmechanismen durch die Veränderung der Oberflächenchemie gezielt beeinflusst wird, konnte für die Zielkomponente CO_2 ein maßgeblicher Einfluss auf den Gesamtprozess des Stofftransportes festgestellt werden. Dies konnte durch die Selektivitäten der Membranen für die Stoffsysteme Kohlenstoffdioxid / Propan bzw. Kohlenstoffdioxid / Stickstoff gezeigt werden. In beiden Fällen unterscheidet sich das Trennverhalten der modifizierten Membranen deutlich von dem der unmodifizierten Membranen, was auf den unterschiedlichen Stofftransport von CO_2 zurückzuführen ist. Durch die Eliminierung der Oberflächendiffusion auf der modifizierten Membran M3 sind die Selektivitäten im Vergleich zu den unmodifizierten Membranen wesentlich geringer. Durch die Modifizierung mit einem Triamin (M4) wurde eine im Vergleich zu den unmodifizierten Membranen gegenläufige Temperaturabhängigkeit der Selektivität zwischen CO_2 und N_2 und eine Selektivitätsumkehr für das Gemisch CO_2 / C_3H_8 bei höheren Temperaturen bewirkt. Durch die zusätzliche Behinderung der Porendiffusion dieser Stoffe durch die Verengung der Mikrostruktur wurde die Bedeutung der Oberflächendiffusion für den resultierenden Gesamtprozess noch erhöht.

Die Auswirkungen einer Oberflächenmodifizierung auf den Gesamtstofftransport sind aufgrund der verschiedenen gleichzeitig wirksamen Transportmechanismen sehr komplex. Dies spiegelt sich zum Beispiel in der Temperaturabhängigkeit der des Stofftransportes durch die modifizierten

Membranen wieder. Eine gleichzeitige theoretische Beschreibung dieser Mechanismen ist daher für das Verständnis und eine mögliche gezielte Ausnutzung der durch die Modifikation bewirkten Änderungen unverzichtbar.

(3) Können eingebrachte spezifische Wechselwirkungen mit Zielkomponenten unspezifische Wechselwirkungen überwiegen?

Durch den chemischen Aufbau der zur Modifizierung verwendeten Silane (u.a. aliphatische Propyl- bzw. Ethyl-Ketten) können unspezifische Wechselwirkungen, wie z.B. van-der-Waals-Wechselwirkungen, mit dem unpolaren Propan nicht ausgeschlossen werden. So sinken die Adsorptionskapazitäten der Membranen für Propan nach der Modifikation weniger stark als die spezifischen Oberflächen. Weiterhin wurde auch auf den modifizierten Membranen eine Oberflächendiffusion von Propan beobachtet. Dennoch konnte das Trennverhalten der modifizierten Membranen auf die Adsorption des Kohlenstoffdioxids als Carbamat und dessen Mobilität auf der Oberfläche zurückgeführt werden. Für den Stofftransport durch diese Membranen überwiegen demnach die eingebrachten spezifischen Wechselwirkungen. Auch für das zweite Modellsystem der Enantiomerentrennung Desflurans zeigte das Material unspezifische Wechselwirkungen mit dem Testgemisch, die sich in einer starken Retention des Anästhetikums widerspiegelten. Trotzdem konnten die spezifischen Wechselwirkungen mit Hilfe eines Temperaturprogrammes für eine Antrennung des Racemates genutzt werden.

Eine Minimierung der unspezifischen Wechselwirkungen zwischen der Oberflächenmodifizierung und den Gaskomponenten erscheint auch aufgrund der chemischen Struktur der verwendeten siliziumorganischen Verbindungen sehr schwierig. Es konnte jedoch gezeigt werden, dass die eingebrachten spezifischen Wechselwirkungen unspezifische Wechselwirkungen bei bestimmten Bedingungen überwiegen können.

(4) Ist es möglich, durch eine Oberflächenmodifizierung eine veränderte Trennwirkung zu erzeugen?

Es war bei beiden in dieser Arbeit diskutierten Modellsystemen möglich, durch eine Modifikation der Oberfläche der porösen Träger eine im Vergleich zum unmodifizierten Trägersystem veränderte Trennwirkung zu erzeugen. Für das erste Modellsystem führte eine Amin-Modifizierung zu einer Selektivitätsumkehr für das Gasgemisch CO_2 / C_3H_8 bei Temperaturen ab 360 K. Für das zweite Modellsystem konnte durch eine Immobilisierung eines Cyclodextrin-Derivates auf der

Oberfläche des achiralen Materials eine enantioselektive Wirkung für R/S-Desfluran realisiert werden.

Die Oberflächenfunktionalisierung eines porösen Materials bietet somit das Potential sowohl einer Veränderung bestehender Wechselwirkungen zwischen dem Material und einer Zielkomponente als auch der Etablierung neuer Trennwirkungen. Die Ausnutzung dieses Potentials erfordert jedoch weitere Studien.

6.3 Ausblick

Für die weitere Bearbeitung der beiden vorgestellten Modellsysteme bieten sich verschiedene Möglichkeiten an, um sowohl die Materialsynthese als auch die Charakterisierung und Anwendung zu intensivieren.

Im Hinblick auf die Membranen, die für die Trennung von Kohlenstoffdioxid und Propan verwendet wurden, kann das Porensystem durch die Modifizierung entweder bestmöglich erhalten werden oder vollständig gefüllt werden. Der Einsatz von kurzkettigen (α-) Silanen mit nur einer Alkoxy-Funktion kann zu einem besseren Erhalt der Porenstruktur der Membranen und damit zu höheren Flüssen führen. Eine vollständige Blockierung der Porenstruktur z.B. durch ein Polymer oder eine ionische Flüssigkeit kann hingegen die (unselektive) Porendiffusion eliminieren und dadurch zu höheren Selektivitäten führen.[1,2] Bezüglich der Amin-Modifikation kann ein Einsatz höherer Temperaturen, als sie in dieser Arbeit möglich waren, die Mobilität des Kohlenstoffdioxids auf der Oberfläche noch erhöhen bzw. im Falle des Mono-Amins ermöglichen und somit die Selektivitäten erhöhen. Die vermutete Schicht polymerisierten Silans auf der äußeren Oberfläche der Membran M4 könnte zudem in Form einer geträgerten Membran genutzt werden. Für die Weiterentwicklung der Glasmembranen ist die Schaffung einer Vorzugsorientierung der Poren eine Möglichkeit die Tortuosität des Porensystems zu reduzieren und damit den Fluss durch die Membranen zu erhöhen.

Das zweite Modellsystem der Enantiomerentrennung von Desfluran bietet nach weiteren Optimierungen der Trennung die Möglichkeit einer Hochskalierung auf einen präparativen Maßstab oder zu einer kontinuierlichen Stofftrennung mittels Druckwechsel-Adsorption, Mehrsäulenschaltungen oder Membrantrennung analog zum ersten Modellsystem. Zum Verständnis des Adsorptionsmechanismus und damit des Trennmechanismus dieser Modifikation können Frontalanalyse-Untersuchungen und Stofftransport-Untersuchungen an analog modifizierten Membranen beitragen. Die Leistung der hergestellten Säulen kann zudem durch die

Optimierung der Mikrostruktur und der makroskopischen Form und Größe der Glaspartikel verbessert werden.

Eine Modifizierung der Oberfläche bietet auch für viele andere wichtige Trennprobleme und Trägermaterialien das Potential zur gezielten Etablierung und Ausnutzung spezifischer Oberflächenwechselwirkungen. Dessen Nutzung erfordert allerdings die systematische Evaluierung und Optimierung der Synthese- und Anwendungsbedingungen dieser Materialien.

---

[1] P. Luis, L. A. Neves, C. A. M. Afonso, I. M. Coelhoso, J. G. Crespo, A. Garea, A. Irabien, Facilated transport of CO_2 and SO_2 through supported ionic liquid membranes (SILMs), Desalination, 2009, 245, 485.

[2] P. Luis, T. Van Gerven, B. Van der Bruggen, Recent developments in membrane-based technologies for CO_2 capture, Prog. Energy Combust. Sci., 2012, 38, 419.

7   Anhang

7.1   Methoden der Charakterisierung

7.1.1   Stickstoff-Tieftemperatur-Adsorption

Tabelle 7-1: Parameter der Linearisierung nach Brunauer-Emmett-Teller, poröse Glasmembranen

Membran	Bereich p/p_0	Korellationskoeff.	C-Konstante
M1	0,05 - 0,22	0,999998	241,3
M2	0,05 - 0,11	0,999971	111,1
M3	0,05 – 0,35	0,999729	38,2
M4	0,05 – 0,35	0,999919	53,9

Tabelle 7-2: Parameter der Linearisierung nach Brunauer-Emmett-Teller, poröse Glaspartikel

Probe	Bereich p/p_0	Korellationskoeff.	C-Konstante
PG	0,05 – 0,3	0,999942	52,5
PG-AP	0,05 – 0,3	0,999920	51,5
PG-CD	0,05 – 0,3	0,999936	42,3

© Springer Fachmedien Wiesbaden GmbH, ein Teil von Springer Nature 2013
D. Stoltenberg, *Oberflächenmodifikation von porösen Gläsern zur Trennung von Gemischen ähnlicher Gase durch Membranverfahren und Adsorption*, Edition KWV,
https://doi.org/10.1007/978-3-658-24663-1

7.1.2 Adsorptionsmessungen

Tabelle 7-3: Rohdaten der Adsorption von Kohlenstoffdioxid auf Membran M1

20 °C		50 °C		80 °C	
p_{eq}, bar	q, mol cm^{-3}	p_{eq}, bar	q, mol cm^{-3}	p_{eq}, bar	q, mol cm^{-3}
0,096	7,15E-05	0,111	3,76E-05	0,112	2,34E-05
0,191	1,38E-04	0,203	6,16E-05	0,215	3,91E-05
0,430	2,62E-04	0,452	1,34E-04	0,441	7,19E-05
0,659	3,46E-04	0,697	1,86E-04	0,716	1,11E-04
0,910	4,17E-04	0,942	2,37E-04	0,968	1,45E-04
1,114	4,81E-04	1,155	2,77E-04	1,168	1,79E-04
1,360	5,30E-04	1,403	3,13E-04	1,423	2,07E-04
1,632	5,64E-04	1,659	3,43E-04	1,691	2,33E-04
1,865	5,98E-04	1,915	3,72E-04	1,944	2,55E-04
2,069	6,16E-04	2,115	3,94E-04	2,142	2,69E-04

Tabelle 7-4: Rohdaten der Adsorption von Propan auf Membran M1

20 °C		50 °C		80 °C	
p_{eq}, bar	q, mol cm^{-3}	p_{eq}, bar	q, mol cm^{-3}	p_{eq}, bar	q, mol cm^{-3}
0,109	2,07E-05	0,112	5,41E-05	0,115	4,98E-05
0,198	7,55E-05	0,209	1,05E-04	0,230	1,03E-04
0,455	1,76E-04	0,454	2,32E-04	0,466	2,13E-04
0,688	2,35E-04	0,717	3,66E-04	0,719	3,31E-04
0,939	3,04E-04	0,962	4,90E-04	0,979	4,50E-04
1,147	3,16E-04	1,172	5,95E-04	1,177	5,40E-04
1,408	3,42E-04	1,423	7,20E-04	1,443	6,61E-04
1,657	3,49E-04	1,683	8,49E-04	1,706	7,79E-04

Tabelle 7-5: Rohdaten der Adsorption von Kohlenstoffdioxid auf Membran M2

20 °C		50 °C		80 °C	
p_{eq}, bar	q, mol cm^{-3}	p_{eq}, bar	q, mol cm^{-3}	p_{eq}, bar	q, mol cm^{-3}
0,096	6,59E-05	0,109	3,07E-05	0,117	1,59E-05
0,177	1,19E-04	0,196	5,79E-05	0,210	2,75E-05
0,386	2,25E-04	0,436	1,22E-04	0,452	5,89E-05
0,606	3,05E-04	0,666	1,72E-04	0,702	8,31E-05
0,845	3,73E-04	0,902	2,12E-04	0,946	1,01E-04
1,034	4,19E-04	1,089	2,42E-04	1,153	1,26E-04
1,277	4,68E-04	1,348	2,77E-04	1,399	1,44E-04
1,455	5,03E-04	1,541	2,98E-04	1,598	1,57E-04
1,755	5,50E-04			1,899	1,75E-04

Tabelle 7-6: Rohdaten der Adsorption von Propan auf Membran M2

20 °C		50 °C		80 °C	
p_{eq}, bar	q, mol cm^{-3}	p_{eq}, bar	q, mol cm^{-3}	p_{eq}, bar	q, mol cm^{-3}
0,099	5,72E-05	0,113	3,16E-05	0,113	1,51E-05
0,181	9,84E-05	0,207	5,56E-05	0,224	3,14E-05
0,400	1,74E-04	0,441	1,02E-04	0,458	5,59E-05
0,643	2,34E-04	0,679	1,34E-04	0,716	7,35E-05
0,890	2,82E-04	0,923	1,61E-04	0,963	8,23E-05
1,074	3,13E-04	1,130	1,78E-04	1,162	9,70E-05
1,327	3,42E-04	1,394	1,93E-04	1,426	1,01E-04
1,525	3,62E-04				
1,830	3,80E-04				

Tabelle 7-7: Rohdaten der Adsorption von Kohlenstoffdioxid auf Membran M3

20 °C		50 °C		80 °C	
p_{eq}, bar	q, mol cm^{-3}	p_{eq}, bar	q, mol cm^{-3}	p_{eq}, bar	q, mol cm^{-3}
0,103	7,23E-05	0,104	2,89E-05	0,114	-4,11E-06
0,206	1,03E-04	0,208	6,24E-05	0,209	1,88E-05
0,453	2,20E-04	0,463	1,40E-04	0,468	8,65E-05
0,712	3,01E-04	0,707	2,17E-04	0,722	1,56E-04
0,967	3,40E-04	0,978	2,77E-04	0,972	2,04E-04
1,169	3,90E-04	1,178	3,32E-04	1,180	2,56E-04
1,428	4,10E-04	1,434	3,62E-04	1,442	2,91E-04
1,699	4,50E-04	1,693	4,04E-04	1,700	3,24E-04
1,957	4,64E-04	1,952	4,45E-04	1,953	3,64E-04
2,155	4,71E-04	2,158	4,55E-04	2,159	3,94E-04

Tabelle 7-8: Rohdaten der Adsorption von Propan auf Membran M3

20 °C		50 °C		80 °C	
p_{eq}, bar	q, mol cm^{-3}	p_{eq}, bar	q, mol cm^{-3}	p_{eq}, bar	q, mol cm^{-3}
0,110	4,40E-05	0,145	3,33E-05	0,130	2,37E-06
0,212	8,21E-05	0,254	3,20E-05	0,232	1,60E-05
0,450	1,51E-04	0,463	7,07E-05	0,487	3,88E-05
0,706	1,97E-04	0,747	9,51E-05	0,754	4,47E-05
0,953	2,22E-04	0,995	1,06E-04	1,004	4,85E-05
1,173	2,31E-04	1,199	1,29E-04		
1,418	2,38E-04				

Tabelle 7-9: Rohdaten der Adsorption von Kohlenstoffdioxid auf Membran M4

20 °C		50 °C		80 °C	
p_{eq}, bar	q, mol cm^{-3}	p_{eq}, bar	q, mol cm^{-3}	p_{eq}, bar	q, mol cm^{-3}
0,110	1,23E-04	0,110	1,07E-04	0,105	6,16E-05
0,209	1,23E-04	0,213	1,02E-04	0,215	7,68E-05
0,461	2,06E-04	0,466	1,45E-04	0,469	1,17E-04
0,714	2,52E-04	0,715	2,00E-04	0,720	1,41E-04
0,965	3,19E-04	0,970	2,19E-04	0,988	1,47E-04
1,162	3,33E-04	1,185	2,33E-04	1,179	1,55E-04
1,425	3,46E-04	1,437	2,44E-04	1,430	1,66E-04
1,642	3,57E-04	1,640	2,52E-04	1,634	1,42E-04
1,989	3,61E-04	1,948	2,53E-04	1,946	1,83E-04

Tabelle 7-10: Rohdaten der Adsorption von Propan auf Membran M4

20 °C		50 °C		80 °C	
p_{eq}, bar	q, mol cm^{-3}	p_{eq}, bar	q, mol cm^{-3}	p_{eq}, bar	q, mol cm^{-3}
0,120	5,82E-05	0,113	3,64E-05	0,121	2,47E-05
0,217	9,60E-05	0,213	5,67E-05	0,212	2,47E-05
0,471	1,55E-04	0,479	7,25E-05	0,475	4,25E-05
0,730	1,68E-04	0,740	1,04E-04	0,737	5,69E-05
0,984	1,87E-04	0,987	1,06E-04		
1,182	2,15E-04				

7.2 Darstellung und Immobilisierung der Cyclodextrinderivate

Sämtliche Reagenzien und Lösungsmittel mit Ausnahme von Pyridin, Tetrahydrofuran, Toluol und Natriumsulfat hatten den Reinheitsgrad „p.a." und wurden, wenn nicht anders beschrieben, ohne Vorbehandlung eingesetzt. Pyridin, Tetrahydrofuran, Toluol und Natriumsulfat wurden als wasserfreie Reagenzien eingesetzt. Die Chemikalien stammten von den Firmen Acros Organics und Sigma-Aldrich.

Das native γ-Cyclodextrin (TCI) wurde vor der Verwendung für mindestens 2 Stunden bei 80 °C getrocknet.

Summenformel: $C_{48}H_{80}O_{40}$

Molare Masse: 1297,12 g mol^{-1}

weißer, kristalliner Feststoff

Elementaranalyse: 40,42 % C; 6,819 % H; 0,11 % N; 0,135 % S

(44,4 % C; 6,2 % H; 0 % N; 0 % S)

7.2.1 Mono(6-Toluolsulfonyl)-γ-Cyclodextrin

20 g (15,4 mmol) getrocknetes γ-Cyclodextrin wurden unter Stickstoffatmosphäre in 350 ml trockenem Pyridin gelöst. Anschließend wurden unter Rühren bei 0 °C 3,0 g (15,7 mmol) Toluolsulfonylchlorid in 80 ml trockenem Pyridin über 2 h zugetropft. Nach insgesamt 4 h wurde auf Raumtemperatur erwärmt. Nach weiteren 20 h wurde die Reaktion durch das Zugeben von 50 ml destilliertem Wasser abgebrochen. Die Lösung wurde mit einem Rotationverdampfer auf ein Volumen von 250 ml eingeengt. Anschließend wurden weitere 50 ml destilliertes Wasser und 300 ml Aceton hinzu gegeben. Der entstandene weiße Niederschlag wurde über einen Büchner-Trichter abgesaugt und portionsweise mit 300 ml Aceton gewaschen. Das Produkt wurde im Vakuum getrocknet.

Summenformel: $C_{55}H_{86}O_{42}S$

Molare Masse: 1451,31 g mol^{-1}

Ausbeute: 21,7 g (97 %), weißer kristalliner Feststoff

Elementaranalyse: 44,02 % C; 6,074 % H; 0,25 % N, 1,289 % S

(45,5 % C; 5,97 % H; 0 % N; 2,2 % S)

7.2.2 Mono(6-azido-6-deoxy)-γ-Cyclodextrin

Eine Lösung aus 26,4 g Mono(6-Toluolsulfonyl)-γ-Cyclodextrin (18,2 mmol) in 500 ml destilliertem Wasser wurde mit 13,2 g (0,2 mol) Natriumazid versetzt und 20 h am Rückfluss gekocht. Anschließend wurde die Lösung am Rotationsverdampfer auf ein Volumen von 250 ml eingeengt. Hierzu wurden 10 ml Tetrachlorethan gegeben und die Lösung für 1 h bei Raumtemperatur gerührt. Der entstanden Niederschlag wurde über einen Büchner-Trichter abgesaugt, portionsweise mit 100 ml destilliertem Wasser gewaschen und in 100 ml destilliertem Wasser aufgenommen. Die Suspension wurde bis zur vollständigen Auflösung des Niederschlages 30 min zum Sieden erhitzt und das Lösungsmittel danach am Rotationsverdampfer entfernt. Das Produkt wurde anschließend im Vakuum getrocknet.

Summenformel: $C_{48}H_{79}O_{39}N_3$

Molare Masse: 1322,14 g mol^{-1}

Ausbeute: 14,5 g (60 %), weißer kristalliner Feststoff

Elementaranalyse: 40,06 % C; 6,34 % H; 1,09 % N; 0,053 % S

(43,6 % C; 6 % H; 3,2 % N; 0 % S)

7.2.3 Heptakis(2,6-di-O-pentyl)mono(6-azido-6-deoxy-2-O-n-pentyl)-γ-Cyclodextrin

14,5 g Mono(6-azido-6-deoxy)-γ-Cyclodextrin (11,0 mmol) wurden unter Stickstoff-atmosphäre in 400 ml Dimethylsulfoxid gelöst und mit 50 ml n-Pentylbromid (0,4 mol) und 16,0 g (0,4 mol) gemahlenem Natriumhydroxid versetzt. Die entstandene Lösung wurde 48 h bei Raumtemperatur gerührt und erneut mit 50 ml n-Pentylbromid und 16,0 g gemahlenem Natriumhydroxid versetzt. Nach weiteren 72 h Rühren wurde die Reaktion durch das Gießen des Ansatzes auf 250 ml destilliertes Wasser abgebrochen. Die wässrige Lösung wurde zwei mal mit insgesamt 300 ml Methyl-tert-butylether ausgeschüttelt und die vereinigten organischen Phasen mit destilliertem Wasser gewaschen und über Natriumsulfat getrocknet, filtriert, eingeengt und im Vakuum getrocknet.

Summenformel: $C_{123}H_{229}O_{39}N_3$

Molare Masse: 2374,04 g mol^{-1}

Ausbeute: 24,0 g (92 %), gelbes Öl

Elementaranalyse: 64,71 % C; 10,974 % H; 0,53 % N; 0,034 % S

(62,2 % C; 9,7 % H; 1,8 % N; 0 % S)

7.2.4 Heptakis(3-O-butyryl-2,6-di-O-pentyl)mono(6-azido-6-deoxy-3-O-butyryl-2-O-n-pentyl)-γ-Cyclodextrin

24,0 g Heptakis(2,6-di-O-pentyl)mono(6-azido-6-deoxy-2-O-n-pentyl)-γ-Cyclodextrin (10 mmol) wurden unter Stickstoffatmosphäre in 450 ml Triethylamin gelöst und mit 39,0 ml Buttersäureanhydrid (0,24 mol) und 2,01 g Dimethylaminopyridin (16,5 mmol, 0,2 Moleküle Dimethylaminopyridin pro verbleibende OH-Gruppe des Cyclodextrins) versetzt. Die Lösung wurde 48 h bei Raumtemperatur gerührt und danach mit weiteren 12,0 ml Buttersäureanhydrid (7,3 mmol) versetzt. Anschließend wurde die Lösung weitere 7 d bei Raumtemperatur gerührt. Die Lösung wurde dann in 400 ml Methyl-tert-butylether aufgenommen und die Reaktion mit 200 ml destilliertem Wasser abgebrochen. Die organische Phase wurde nacheinander mit je 200 ml wässriger Natriumcarbonatlösung, destilliertem Wasser, wässriger Natriumdihydrogen-phosphatlösung und erneut destilliertem Wasser gewaschen, eingeengt und im Vakuum getrocknet.

Summenformel: $C_{155}H_{277}O_{47}N_3$

Molare Masse: 2934,74 g mol^{-1}

Ausbeute: 21,0 g (70 %), orange-braunes Öl

Elementaranalyse: 64,53 % C; 10,186 % H; 0,58 % N; 0,017 % S

(63,43 % C; 9,5 % H; 1,4 % N; 0 % S)

7.2.5   Immobilisierung von Heptakis(3-O-butyryl-2,6-di-O-pentyl)mono(6-azido-6-deoxy-3-O-butyryl-2-O-n-pentyl)-γ-Cyclodextrin auf porösem Glas

10 g γ-aminopropylsilanisiertes poröses Glas wurde in 300 ml trockenem Tetrahydrofuran bei Raumtemperatur gerührt während ein kontinuierlicher Strom aus Kohlenstoffdioxid in die Suspension geleitet wurde. Nach 30 min wurde eine Lösung aus 3,41 g Heptakis(3-O-butyryl-2,6-di-O-pentyl)mono(6-azido-6-deoxy-3-O-butyryl-2-O-n-pentyl)-γ-Cyclodextrin (1,2 mmol) in 70 ml Tetrahydrofuran hinzu gegeben. Nach weiteren 15 min wurde zu dieser Suspension eine Lösung aus 3,40 g Triphenylphosphin (13 mmol) in 60 ml Tetrahydrofuran gegeben und die entstandene Suspension für weitere 24 h unter Einleitung von Kohlenstoffdioxid bei Raumtemperatur gerührt. Anschließend wurden die porösen Glaspartikel abfiltriert, portionsweise mit insgesamt 300 ml Tetrahydrofuran und 200 ml Aceton gewaschen und bei 80 °C getrocknet.

Ausbeute: 0,028 mmol g^{-1} (0,089 mol m^{-2}), leicht gelbliche Partikel

Elementaranalyse: siehe 5.1.4.3

Printed in the United States
By Bookmasters